被海洋卷走的世界

[英] 詹姆斯 · 威茨（James Witts） 编著
李爽 译

中国画报出版社 • 北京

图书在版编目（CIP）数据
被海洋卷走的世界 / (英) 詹姆斯 · 威茨编著；李爽译. -- 北京：中国画报出版社, 2017.6（2017.11重印）
（爱因斯坦讲堂）
书名原文: Discover Science: Oceans
ISBN 978-7-5146-1478-7

Ⅰ. ①被… Ⅱ. ①詹… ②李… Ⅲ. ①海洋－少儿读物 Ⅳ. ①P7-49

中国版本图书馆CIP数据核字(2017)第041570号

被海洋卷走的世界　　[英] 詹姆斯 · 威茨（James Witts） 编著　李爽 译

出 版 人：于九涛
策划编辑：赵清清
责任编辑：于九涛
助理编辑：朱露茜 赵清清
装帧设计：刘　凤
责任印制：焦　洋
出版发行：中国画报出版社
（中国北京市海淀区车公庄西路 33 号 邮编：100048）
开　　本：16 开（787mm × 1092mm）
印　　张：13.25
字　　数：110 千字
版　　次：2017 年 6 月第 1 版 2017 年 11 月第 2 次印刷
印　　刷：北京博海升彩色印刷有限公司
定　　价：58.00 元

总编室兼传真：010-88417359 版权部：010-88417359
发 行 部：010-68469781 010-68414683（传真）

前　言

深蓝色的海洋总是有着如此之大的魅力，让狂热的海洋爱好者们如痴如醉。海洋里总有新的事物出现——新发现的植物、动物物种，或是潜入海底去挑战并探索人类的极限，这暗示了我们热爱深海潜水的天性。

作为您的海洋世界向导，在这本书中，我们穿越历史长河从世界各地搜罗出了最精彩的海洋故事。在地质学这一章，您可以去探索海洋在 40 亿年前是如何形成的；海洋动物这一章揭示了水母怎样退回到幼年期；鲨鱼当然要有自己的章节——我们可不想对大白鲨无礼；人类对海洋的探索从第四章开始，包括让我们进一步认识海洋的科技突破；最后，我们总结了人类在残暴地污染海洋多年后应该如何拯救海洋。

快跟着这位特殊的向导，去享受海洋之旅吧。我们希望它能启发您去探索大自然最伟大的成就之一——海洋。

詹姆斯 · 威茨（James Witts）

詹姆斯是一位来自布里斯托尔（Bristol）的科学、体育科学领域的记者。15 年来，他为世界各地的出版社撰写了不计其数的科学和体育出版物。

目录

68

78

64

120

164

156

205

02

11

08

22

07

31

1 海洋地质学

海洋是如何形成的

大约38亿年前，地球如同地狱一样：山河一片焦土，火山活动频发……那么地球是如何让一片片的海洋覆盖了它表面71%的面积呢？

数百万年以来，我们的五大洋覆盖了地球表面71%的面积。这些深蓝色的海域孕育了丰富多彩的生命，海洋不仅是地球的重要组成部分，而且在地球生命起源的过程中发挥了重要的作用。尽管我们已经了解了海洋的重要性，但海洋的形成对我们来说还是一个谜团。在火山活动频发、大气稀薄的世界里，水究竟是如何形成的？水形成的过程用了多久呢？在过去的岁月里，大陆的形成对于较晚出现的海洋产生了什么影响呢？

爆裂的地球

地球上的海洋大约形成于38亿年前冥古宙结束的时候。冥古宙是一个古老的地质时代。在长达6亿年的时间里，我们的星球处于熔岩喷发的剧烈期。在小行星的作用下，地球表面不断发生爆炸，气温达到了30~50摄氏度。但正是在这段火山喷发、空气里二氧化碳浓度非常高的时期，我们的海洋开始形成了。

那么在这段时期，地球上的水是否以某种形态存在于地球上呢？简而言之，是的。地球剧烈的火山喷发活动致使气温非常高，所以那时的水不能保持稳定的液态，而是以晶体的形式存在于矿石之中。受到火山活动的影响，矿石的温度急剧上升，以至于晶体从矿石中喷射出来，形成大气中的水蒸气。也许在地球最初形成的时候，也有这种晶体的存在，但是大量的证据证明这些晶体来自于其他星球，这些星球影响了地球表面的形成。

“在原始的地球增生期，只有极少量的水存在于矿石以及像碳氢化合物这样的物质中，”在卡迪夫大学（University of Cardiff）讲授“地球和海洋科学课”的讲师克里斯·麦克劳德（Chris Macleod）介绍说，“由于碰撞产生的能量、放射性衰变以及地球地幔熔化导致的火山爆发，地球温度不断上升，大部分的水从矿石中释放出来。所以事实上，地球和早期的海洋是同时从各自的早期阶段发展的。”

还有另外一种推论，对于地球上大气的形成还有另外一种猜想。大约在40亿年前，太阳的辐射能量并不如今天这么大。事实上，这种推论认为初期太阳的辐射量比今天的太阳弱70%左右。

那么为什么在缺乏光和热的情况下，地球没有退回到冰河时代之前的时期呢？这是因为地球当时的大气状况。人们认为，当时的大气里存在着高浓度的甲烷和温室气体。由于地表火山爆发产生的水蒸气可能会存留在云团里，这些水蒸气最终会以早期的强酸性雨水的形态落回地面。这种大气能保持地球的温度，并保证缓慢发育的海洋保持液态。但是使地球上产生液态水的催化剂是什么呢？

尽管人们很难确定海洋开始形成的具体时间点，但是主流科学界认为海洋开始形成于大约38亿年前。

海洋的形成：
不同的理论

尽管已有陨石理论（详见正文的介绍），关于海洋的形成还存在其他的观点。

1. 地下存在着广阔的古老海洋

根据美国俄亥俄州立大学（Ohio State University）的研究人员发布的报告，地表下数百英尺[①]处的岩石里含有大量的水。其中绝大多数的水被重水[②]所阻隔。重水是由彗星和水分组成的。而它们又来自于太阳的尘埃云。这种水以氢原子和氧原子的形式存在于晶体缺陷和矿石中。

2. 原始冷却

一种观点认为一旦地球原本炽热的温度急速下降，就能够形成液态水。当原始地球的温度下降到100摄氏度以下时，这些沉积物就会凝结成雨滴，落向地面。这样就产生了我们今天所知道的水循环。

3. 火山活动

另一种学说与地球上的水沉积物有关，它抨击了原始冷却的理论。这种理论认为海洋发源于数十亿年前地球上广泛存在的火山活动。在这种理论中，水蒸气随着火山爆发喷出，最终在大气中形成富含水分的云。

4. 气体云和尘埃孕育了我们的海洋

如果涉及由气体云和尘埃组成的水沉积物，这个理论是流传最广且认可度最高的。作为宇宙大爆炸和宇宙早期狂暴本性的普通副产品，这些沉积物被封存在早期地球炙热内部的多孔岩石内，后来沉积物像蒸汽一样被喷射出来，于是就形成了富含水分的云。

---

①1英尺约等于0.3米。——译者注
②重水：或称氘化水，它的质量比一般水要重。

火山正如它们看起来那样具有破坏力，并且对大气形成具有重要的作用。它使得大气既能够含有液态水又可以使地球保持合适的温度。

几大理论

关于这一时期有无数的理论，但是主要论证集中于三大观点。第一种观点认为，海水是宇宙形成时释放的大片尘埃和气体的产物。宇宙的形成给地球带来了大量的水蒸气。第二种和第三种观点认为在大量彗星和流星的影响下，深藏于地幔内部的冰形成了海洋。

那么哪一种假设中的水量是最多的呢？哪一种假设是最可信的呢？“关于地球海洋的形成有那么多理论，但我可以跟大家讲讲其中的一个理论，”麦克劳德说，“在为海洋提供大量液态水这方面，彗星的作用并没有多大。主要是因为彗星的氘氢（deuterium-hydrogen）比例非常高。这种物质会形成‘重水’，但是重水在我们的海洋中并不常见。”

重水的特征就是氘元素含量高，这是由宇宙射线导致的撞击形成的。这种物质被发现于寒冰覆盖的彗星上，这些彗星已经在宇宙中疾驰了数百万年。“彗星也许发挥了点作用，但是最有可能的答案是碳质球粒陨石（carbonaceous chondrite meteorites）、原始尘埃和气体云的交互影响。”麦克劳德补充道。

这些云团是宇宙形成的最重要的材料之一。由于新星的诞生，云团里少量的冰、矿石以及其他碎石以蒸汽的形式进入厚重的太阳星云。

地球上的海洋充满了气化冰，这也证明了远古地球的海洋中有很大比例（30%~50%）的物质的存在，比太阳还要久远。

“当一个行星亮起来时，它就会将水分解为氧气和氢气，这样它的氘氢比例就降低了，”麦克劳德接着说，“这就解释了为什么离太阳较远的行星上的氘氢比例比地球要高。但是，地球上的氘氢比例比彗星低，却仍然比人们预计的要高，这是因为离太阳较近。因此，形成了这样一种观点：地球上的一部分水是富含氘的星际材料。这些材料没有被太阳烧化。”

那么碳质球粒陨石是怎么一回事呢？和其他陨石的形态不同，这种陨石以及它的变体的水含量非常高，约为3%~22%。人们认为正是这些物体在“后期重轰炸期（Late Heavy Bombardment）”撞击了地球。后期重轰炸期是一个月球灾难，大约发生在41亿~38亿年前。这样持续的轰炸使地球的体积增加，而且为地球带来了富含水的矿石。

海洋的生长

远古地球上浓厚的大气主要包含了甲烷、氨气、二氧化碳和水蒸气。随着地球的气温降至100摄氏度以下，大气中的这些物质开始凝结、沉淀，逐渐降到最低的地表上。很多地势较低的地方成为火山裂谷，这就导致了潜没①，导致大量的水蒸气和富含矿物质的沉积物重新喷发进大气中。

水从大气中进入海洋，还带着溶解气体，这些气体来自于火山活动间歇泉（geyser)喷发出的地幔。水的流动带走了附近地表岩石中的矿物质。这些溶解的矿物质对于丰富早期水十分重要，包括增加了其中的盐分。盐分可是现代海水中的重要物质。

这些地质化学循环形成了我们的海洋。矿物质和化学物质迅速地进入水中又蒸发出来。如此一来，分散的水体就慢慢地聚合在一起，形成了浩瀚的海洋。

盘古大陆，又称超大陆，形成于3亿年前。那时，主要的大陆板块撞击形成了一整块巨大的大陆和一大片海洋

① 潜没：指一个大陆板块降到另一个板块下面。

问题在于，大片的雨水降落又蒸发，最终形成广袤的海洋，这个过程用了多久呢？“不好意思，我们的故事快讲完了，”麦克劳德评论道，“我们的资料很少，尤其是关于冥古宙的资料。我们认为地球的‘地壳、地幔、地核变异’其实在地球形成之后的很短时间内就完成了。甚至发生在地球和忒伊亚（Theia）相撞和之后的地球岩浆海洋（magma ocean）的结晶化之前。那次相撞发生在 45.33 亿年前。”岩浆海洋是一个虚构的概念，还未经科学证实，指的是地球地幔下相互连接的岩浆区域。

大陆的影响

海洋的产生以及演化为现在的形态跟现代大陆的形成也有关系。盘古大陆（Pangaea）是我们现在已知的所有大陆的总和，这块大陆在大约 2 亿年前分裂，形成了如今我们居住的各个大陆，并将全世界的海洋分为七大部分。

这一裂解也造就了如今大部分的洋脊、海中脊和板块边界。围绕着盘古大陆的古海洋被称为泛古洋（Panthalassa），最终被分离为太平洋、大西洋和印度洋。

“通过对海底磁异常（magnetic anomaly）模式的分析，我们现在已经能很好地理解各个大陆如何从中生代（Mesozoic period）（2.52 亿~0.66 亿年前）移动到现在的位置。”麦克劳德说，“但是中生代之前的事情很难理解，因为我们的直接证据太少了。现在已经不存在比这个年代还要久远的洋底了，所以就无法分析它的磁异常模式。但是，我们有非直接的证据证明，在地球的早期时期 [即‘威尔逊旋回期’（Wilson Cycle）] 大陆的分解和撞击。”

这个过程就是地球如何通过新地壳的形成以及旧地壳的消失（通过潜没消失）来调整大小。很多地质学家都相信破碎的盘古大陆将会再次聚合为一整块大陆。如此一来，就会再次出现一片超级海洋。

海洋依然是地球上最令人神往、最引人入胜的特征之一。尽管我们在海洋与地理科学方面取得了一些进步，但其实我们对海洋的了解只是皮毛，无论是几百万年前的海洋，还是未来海洋的面貌。而且我们只有很少的证据明确地告诉我们海洋如何从冥古宙形成发展到现在的模样，但是科学家们对此仍然抱有希望。毕竟我们只探索了 10% 的海洋世界，很有可能在深海之中就蕴藏着我们想要的答案，到时候我们就能揭开孕育了无数生命的海洋的谜团。

敦·瑞瑟·林肯
(Dom Reseigh-Lincoln)
科学记者
在从事深爱的新闻业之前，敦在大学里学的是兽医专业。

卡迪夫大学，
地球和海洋科学学院教授

克里斯·麦克劳德教授问答录

在地质学上，陆上的以及水下的陆地是不一样的，这些不同之处是否决定了海洋在哪里形成呢？

我要强调一点，如今的地质构造是近年来才提出的概念。在 1.8 亿年前，“海底扩张”导致了火山洋壳的形成，它们厚达 6000~7000 米。38 亿年前，形成了 3.5 万千米厚的大陆。如果将以上两者对比的话，大陆在地球表面的位置发生了变化。由于撞击和撕裂，在漫长的时间长河里，大陆的形状也发生了变化。但是一部分洋壳却被保存在断裂带（fault zone）里。被留下来的这部分就是“蛇绿岩（ophiolite)”。塞浦路斯和阿

火山活动释放了热量和矿物质，这为生命的形成提供了条件。

曼都存在蛇绿岩。

在这段早期时间，地质化学循环（比如水汽转换）是否存在？随着海洋的发育成熟，它们是否也在发展呢？

有一些循环是非常不同的。有一种观点就是古老的海洋酸度很高，其中有来自于热泉喷发口的熔化铁质，还有蓝绿色水藻释放出的氧气，这样就沉降产生了氧化铁粒子。这些物质最终会沉降在海底，也被称为“大规模生锈”。最终达到了一个临界点，足够的自由氧使海水永久氧化。这个临界点大约在23亿年前，被称为“大氧化运动”。

“如果将以上两者对比的话，大陆在地球表面的位置发生了变化。”

海洋如何影响气候

海洋不仅影响海下，还决定着海上的风云气象。

海洋覆盖了全球 71% 的地表，吸收了来自太阳绝大部分的辐射。海洋对于地球的供暖至关重要。事实上，海平面之下三米内的海水承载的热量与地球的大气承载的热量一样多。当海水温度继续上升时，海水就会蒸发到空气里，提升气温和湿度，产生降雨和风暴。围绕在地球周围的信风[1]会把降雨和风暴带向全球各地。

但是海洋并不仅有储存太阳能的功能，它也通过多种方式冷却和提高周围大气的温度。比如说，当空气比海水冷时，海洋把热量传给温度较低的大气。这样一来，大气中的分子被迫分离，空气变得不再那么浓密。这就在海洋表面产生了低压大气团，因为空气总是从压力高的地方流向压力低的地方，风就会吹向低压区域。

在某些情况下，位于高海拔处快速移动的急流（jet streams）会为风暴的产生提供绝佳的条件。比如说，温度超过 26.5 摄氏度的海水蒸发到空

① 信风：又称贸易风，指的是在低空从副热带高气压带吹向赤道低气压带的风，北半球吹的是东北信风，而南半球吹的是东南信风。

海洋的储热性能对于气候有着巨大的影响。

气里后，热空气上升，冷空气下沉，就会在低压地带产生旋转气流。当它旋转的速度上升时，风的强度会变强，很有可能产生飓风。

海洋并不仅仅吸收和释放太阳的辐射。它就像一条巨型传送带，把热量传送至全球各地。所以海洋对地球的气候模式有巨大的影响。洋面风、温度和盐度梯度共同形成了洋流。洋流对地球的循环以及由月球引力导致的潮汐也有影响。这些洋流沿着深海中的地表运动，一般在 300 米以下，以千年为一个循环显著地调节着气候。

如果没有洋流，区域温度会变得更加极端，陆地也会变得不适宜生存。地球赤道会变得酷热难耐。

这并不是海洋守护我们生存的唯一方式。通过吸收大气中的二氧化碳，海洋还缓解了全球变暖。这都多亏了海洋里一种叫浮游植物的微生物（详见本书第 42 页）。通过光合作用，这些微生物利用太阳能制造食物。要是没有这些海中的微生物，全球变暖的速度就会比现在快多了。

蒂姆·哈德威克
（Tim Hardwick）
科学作家
蒂姆是一位自由作家，他的兴趣范围涵盖科学、技术、进化生物学。他还有文学历史的背景。

火山活动影响了气候：火山喷发会导致水温上升，二氧化碳的浓度升高。

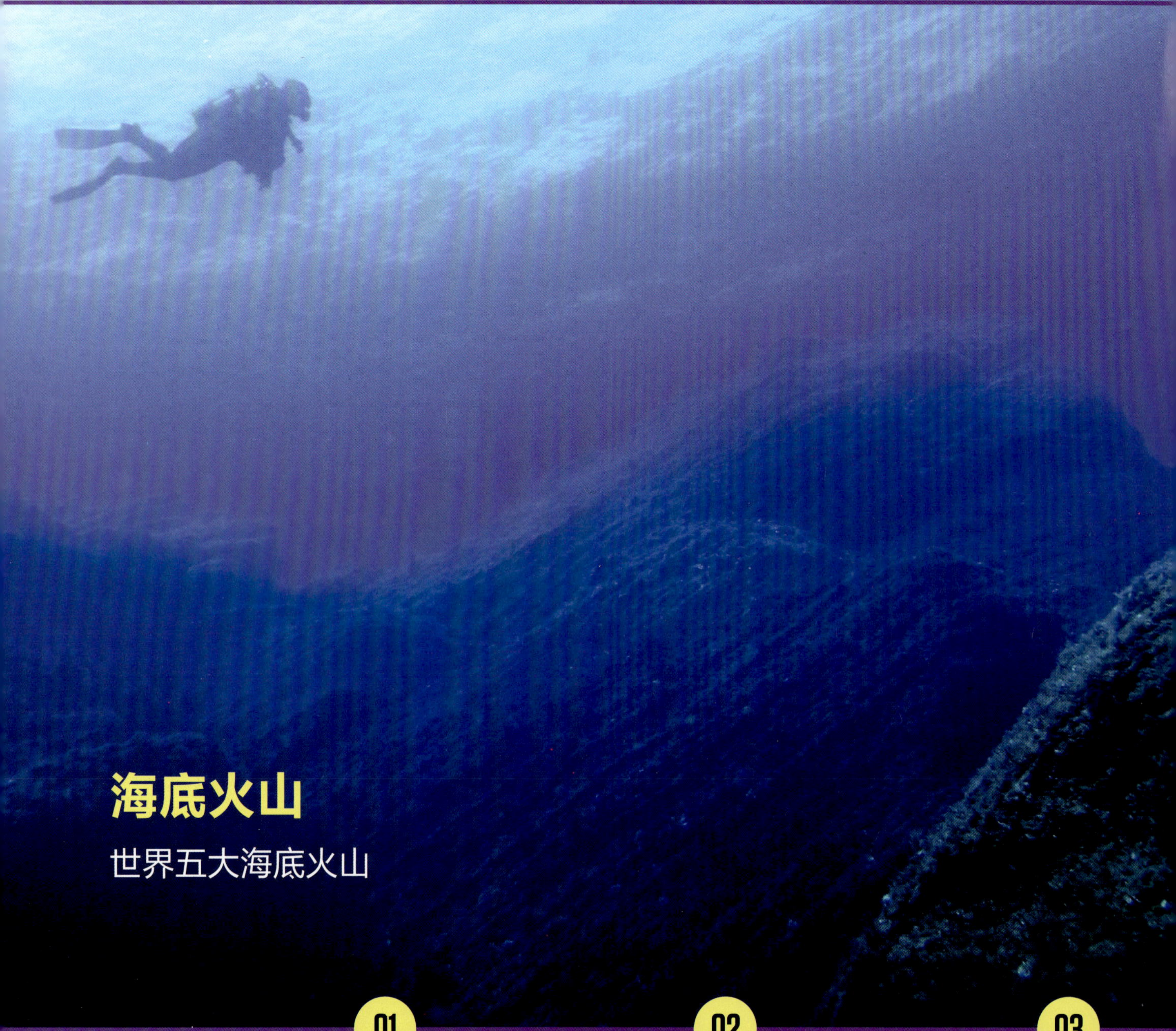

海底火山

世界五大海底火山

01

大塔穆火山（Tamu Massif）

这座水下超级火山是地球上最大的火山。它有650千米宽，令火星上最大的奥林匹斯火山相形见绌。大塔穆火山位于西北太平洋，已经沉寂了一亿四千年。

02

亚当斯海底火山 (Adams Seamount)

这座海底火山位于皮特凯恩热点（Pitcairn Islands）的顶部。皮特凯恩热点是一个火山源，它造就了皮特凯恩群岛（Pitcairn Islands）和另一个海山——Bounty 海山。

03

马西里海底火山（Marsili）

作为那不勒斯（Naples）附近的海底火山之一，马西里海底山是世界上最大的火山之一。它高3000多米，其中450米的山体在海平面以下。地质学家推测马西里海底山即将会有一场爆发，这让这座海山成为最迷人的海底山之一。

与陆上火山不同的是，海底火山只存在于板块边界处，是地壳板块相遇或分离的位置。这些板块边界共有三类：汇聚型板块边界、分离型板块边界和转换断层型板块边界。但是海底火山只存在于汇聚型和分离型的板块边界。

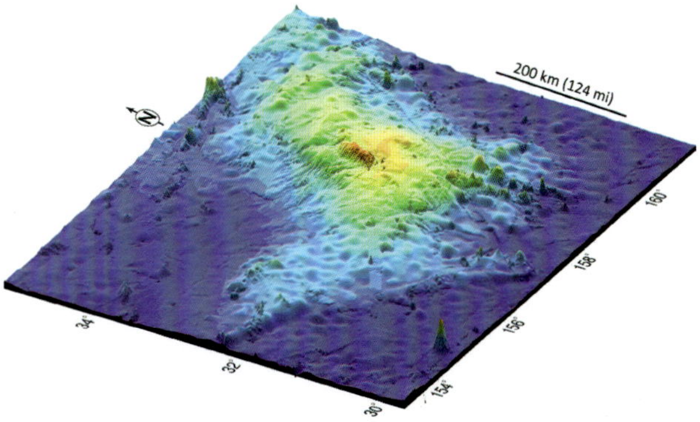

这是一幅海底地图，三维软件展示了海底不同的梯度

海底火山在海洋与海洋相聚的深海中最为常见。它们是由于两块水下板块相撞形成的。较重的板块会俯冲到较轻的板块下方，此过程叫作潜没。在这片“潜没区域”，下沉的较重的板块会冲进下方的热地幔中，导致岩浆冲出岩石圈。

另一方面，海洋板块与大陆板块的撞击发生在更近的内陆。发生在浅水区域的海底火山大部分都在这里。海洋板块潜入陆地板块的下方，并不是单独发生的，因为它们都发生在巨大的地壳板块上。这些撞击会产生连锁的海洋活动。大洋中脊就是一个例子。

熔浆存在于地球的地幔中，在喷出地表的过程中转化为岩浆

04

波维海底火山（Bowie Seamount）

这座巨大的海底火山位于东北太平洋海域，距离加拿大不列颠哥伦比亚省的夏洛特皇后群岛（Haida Gwaii）约为110英里[①]。它高约3000米，波维海底山还被归为“平顶海山”，因为它的顶部是平的。

05

毛亚海底火山（Moai）

这座被称为“毛亚”的海底山高2500米，它位于临近普卡奥海底山的东岛西侧。从火山的发展来说，这座火山非常年轻，只有短短几百岁，是由伊斯特尔热点（Easter hotspot）造就的。

大陆与海洋

当我们讨论海底火山和大陆火山如何爆发这种细枝末节的问题时，其实这两者在地下的运动过程非常相似，只是在地上的不同将两者区分开来。比如说，在寒冷的气候中，两个运动过程都能导致新鲜喷出的岩浆迅速冷却，在其外界形成一层坚硬的外壳。随着新岩浆喷出，覆盖到外壳上，就会形成一种被称为枕状熔岩（pillow lava）的玄武岩物质。这种冷却的熔岩石是使火山从海洋中堆积升起来的基本材料。

这里的三大因素包括压力、温度和周围环境的化学成分。当火山在大陆环境下喷发时，喷出的岩浆会慢慢冷却。由于空气中的氧气是助燃气体，冷却的过程会因此变慢。这样一来，就要花很久才能积累大量的形成火山山岭的基本材料——层层的冷却熔岩。

①1英里约等于1609米。

在海洋中，火山喷发具有完全不同的环境。不论是在浅海还是深海，海洋周围的水都较凉，喷发出的岩浆基本上会马上冷却。由于水压的作用，海底火山的岩浆喷发循环期更短，使得海底火山越来越高。这么快的成长速度揭示了海底火山占了地球火山的很大的比例的原因。

对海洋更加深远的影响

但是它们对海洋有什么影响呢？简而言之：不好的影响。海底火山常常会释放出源于地幔的气体，比如高热度和高浓度的二氧化碳和二氧化硫。它们与海水中的物质发生反应，常常会带来严重的后果，如加那利群岛（Canary Islands）的火山喷发活动摧毁了当地的海洋生态系统，包括那片水域中的浮游生物。

专家们甚至认为水下的火山喷发对于全球变暖有着严峻的影响。哥伦比亚大学的拉蒙特－多尔蒂地球观测站（Lamond-Doherty Earth Observatory）曾发布一项报告，认为海底火山的影响并不仅仅局限于当地，火山正在让海水变得越来越热。“由于人们认为海底火山的影响力很小，所以忽略了它们。人们认为火山处于非常稳定的状态，但事实上，它们非常热。”参与这个项目的海洋地质学家玛拉·托尔斯泰（Mara Tolstoy）教授介绍说，“不论是大的力量还是小的力量，它们都有反应，所以我们应该更加仔细、更加严肃地看待它们。

但是这种环境孕育了活跃的深海热泉和火山喷发口，并产生共生的现象。海水流入火山喷发形成的裂缝中，并与其中的化学元素混合释放出一种热液。这种富含矿物质的热液为以化学能维持生命的细菌和古细菌提供了适宜的生存环境。这种水，如果加热到正常温度以上，就能孕育更多的生命，包括绦虫、虾甚至是螃蟹。

敦·瑞瑟·林肯

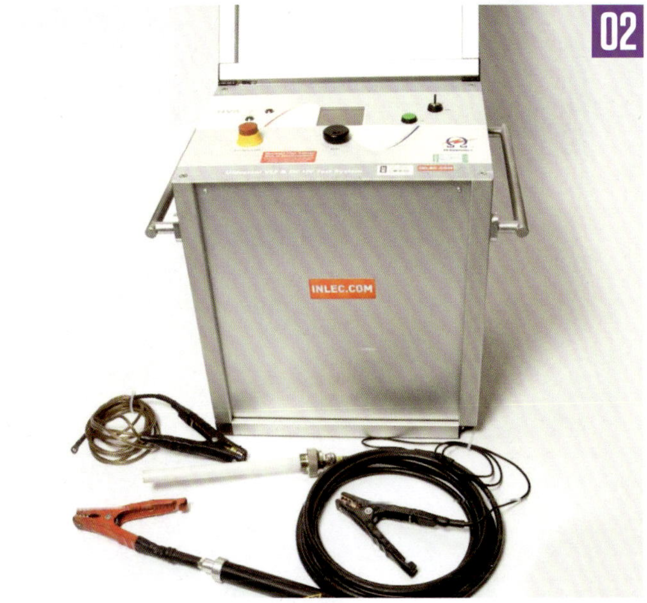

探测可能的灾难

以下四种先进的技术可以准确地探测地震活动。

01. COSPEC

这是相关光谱仪的英文缩写，这个特殊的设备能够测量火山喷发出的气体量，既可以测量陆上火山也可以测量海底火山。这个仪器最初是为了测量工厂烟囱的污染量而设计的。

02. 超低频（VLF）

VLF 指的是超低频（Very Low Frequency），这种方法被地质学家和火山学家用来研究火山裂缝下的岩浆的发展状态。超低频信号随着这些熔浆的流动而被释放，这样就能判断某一地点的火山何时爆发。

03. 斜度仪

斜度仪就像是木匠的水平仪，只不过更为复杂、造价更高。溶液中的电极可以探测气泡的运动。这和火山引发的地面变形关系密切。

04. 摄像机和麦克风

由于火山运动使得能见度和音量变低，地质学家和火山学家不得不依靠高度专业的监测装置来记录火山爆发之前、进行之中和结束之后的位置变化。

科学掠影

地球海洋的绝美图片

海洋底部

海浪之下是一片迷人的世界，那里有大陆架和深渊。

经过了40亿年地质变迁，地球的海洋底部千姿百态、异常迷人。大部分的地表都具有相同的混合结构，它们被地壳运动塑造，继而沉淀累积发展壮大，但是海底之所以被称为海底是因为它们的深度。沿海的大陆架经过沉降形成大陆斜坡，然后陡降到海底的位置，即深海平原处。一般来说，海底的深度在3000~9000米，海底的一半以上都是深海平原。

海啸的破坏力

人类已知的最具破坏性的海洋现象的成因和影响。

以前，大众对海啸几乎一无所知。直到2004年的节礼日①，印度洋沿岸的14个国家遭到海啸袭击，造成了23万人死亡。但海啸其实并不是新事物。史上记载的第一个海啸发生于公元前426年的希腊海岸，一些地质数据则显示地球的早期一直都存在着类似的事件。

“海啸”这个词的英文“tsunami”源于日语单词，在英语中，与这个词最接近的英文是“海港的波浪（harbour wave）”。自从 1896 年日本的本州岛东北海岸发生海啸后，这个词已经在英语中使用了 100 多年。从那之后，科学家们就开始兢兢业业地研究海啸的不同成因，以期减少海啸对周围岛屿、基础设施乃至人类的危害。

2015 年，我们已经在全球的每一个主要海域设立了海啸预警中心。但现实情况是，海啸具有不可预测性以及相对的少发性，这让海啸研究难以开展。每一次海啸都具有独特性，人类很少能预测到最大海浪的登陆地以及海啸的严重程度。

海洋地震引发的海啸

最常见的海啸是由海底地震或俯冲地震引发的，大约占所有已知海啸的 86%。这种地震更常见的名字是“海洋地震”。海洋地震发生的原因是“俯冲带”的地壳板块突然运动，一般来说，较重的板块会冲进较轻的板块下方，也可能是两个板块并列撞击。如果地震发生在海底之下的深处，那么对水上几乎没什么影响。同样，如果海床是横向移动，那就基本不会发生海啸。

2015 年，我们在全世界的各大海域设立了很多海啸预警中心。

① 节礼日 (Boxing Day)：每年的 12 月 26 日，圣诞节次日是在英联邦部分地区庆祝的节日，一些欧洲国家也将其定为节日，叫作“圣士提反日”。

地壳板块

地球的外壳如何影响如何……
以及如果我们生活在……

分离和聚合

板块运动是由对流引起的。随着中心处的高温地幔升高，温度较低的地幔就会下沉。这就能将板块推开（分离）或使一块冲进另一块下面（聚合），由此产生地震和火山爆发。

纳斯卡板块

作为一块海洋板块，纳斯卡板块是一个聚合边界，位于秘鲁－智利海沟（Peru–Chile trench）附近。它俯冲于南美洲板块和安第斯山脉之下，形成“秘鲁－智利”海沟，继而形成了高耸的安第斯山脉。那里经常发生强烈的地震。

分离的大西洋

被人们研究最多的分离板块边界就是大西洋中脊。大西洋中脊是一座海底山脉，从北冰洋一直延伸到非洲南端附近。它每年都会扩张 0.02 米。

但是如果地震发生在海底，海底被抬升或降低，并且板块的突然移动达到了里氏震级七级，那么巨大的能量波就会传导到其上的水柱中。在重力作用下形成海浪，在海水表面水平推进。事实上，海底地震产生的能量可以让海啸以每小时 590 英里的移动速度离开震中位置。令人震惊的是，即使海啸冲击波的高度不足一米，其破坏力也大得惊人。

滑坡和火山

地震并不是海啸的唯一原因。海底滑坡也会导致海啸。当陆坡承载了过多的沉积物或是海平面的变化导致沉积物不稳定时都会导致海底滑坡。

构造地质学的基础

地球的外壳（岩石圈）破裂成很多“板块”。这些板块在地幔上移动。地幔是地心之上的一层。板块构造说由科学家阿尔弗雷德·魏格纳（Alfred Wegener）在1912年提出。

喜马拉雅山脉

亚洲大陆与印度洋板块两大板块的撞击导致印度洋板块和欧亚大陆板块相撞，使得喜马拉雅山和青藏高原在数百万年以来不断上升。

在这种情况下，沉积物的多少以及海底的深度决定了是否会发生海啸。这种情况很少见，但确实发生过。

1998年，巴布亚新几内亚（Papua New Guinea）的西北海岸遭到海啸袭击，这场海啸最可能的原因就是海底滑坡。在那场海啸中，3个7米多高的巨浪冲向6英里长的海岸线，卷走了整整3个村庄，导致2,000多人死亡。

火山喷发也会导致灾难性的地震波。陆上火山的喷发可能会导致山体崩塌，大量的火山灰和残骸落入水中。水柱的突然位移会引发海浪，水中的残骸会增加海浪的数量并加剧海浪的振幅。这番话听上去也许牵强附会，但是在1883年，印度尼西亚的喀拉喀托火山（Krakatoa）喷发引发的南爪哇海（the South Java Sea）海啸造成了3.65万人死亡。

流星撞击

也许最罕见的海啸成因就是小行星撞击了。科学家们已经找到了证据，证明35亿年前真的发生了这样的灾难。科学家们认为，那次撞击发生后接踵而至的海啸具有令人咋舌的规模，海啸数次席卷全球，甚至连最高的山脉也没放过。大陆海岸线自此发生了急剧的变化，几乎所有陆地上的生命都惨遭浩劫。在长达3亿年的时间段里，至少发生了4次这样可怕的灾难。

亚洲大陆与印度洋板块两大板块的撞击导致印度洋板块和欧亚大陆板块相撞，这使得喜马拉雅山和青藏高原在数百万年以来不断上升。

2011年，日本东北部的海啸和地震造成近1.6万人死亡、30万人流离失所

来自美国路易斯安那州立大学（Louisiana State University）的地质学家盖里·拜尔立（Gary Byerly）已经找到了第一次流星撞击引发的海啸的痕迹。通过勘测地球上最古老的岩石，他确定第一次流星撞击引发的海啸发生在南非和澳大利亚西北部。“当小行星撞击地球时，极为强大的能量导致小行星碎成了粉末，”拜尔立解释说，“这种粉末冷凝为‘小球’状的液滴，然后在几天内落到海里，最终沉到海底。”

拜尔立推测说，那种能量产生的热量还能将海洋表面以下 30 英尺至 300 英尺的海水完全蒸发掉。“我们几乎能确定那时候已经存在细菌生物。如果撞击的小行星的直径为 20 英里，那么由此引发的能量会毁掉地球表面所有的生命。”

对于海滨的破坏

在深海中，海啸能够以每小时 500 英里的速度前进，还能够完全不被人察觉。在这种速度下，海啸一天甚至不到一天的时间内就能横穿一个大洋。当能量波穿越海底时，出海的船只基本察觉不到能量波的存在。类似的，当海啸临近海岸线时，并不会像好莱坞大片里演得那样有什么巨浪或其他的信号。原因之一就是摩擦力逐渐地让在海水中前行的能量减慢下来。但是，当海啸临近时，海水变得越来越浅，从而挤压这种能量，促使海水涨起来，这时的海浪能达到 30 米高，继而冲向陆地。“海浪的前沿在临近海岸时就会减速，而后面的海浪就会没过前面的海浪，”来自澳大利亚海啸研究中心（the Australian Tsunami Research Centre）的黛尔·多明尼·豪斯（Dale Dominey-Howes）教授解释道，“这就是为什么海啸登陆会持续很长时间，而且能朝内陆前进好几千米。”

海啸的海浪间的距离可以达到 100~300 千米，这很容易让人产生误解，觉得已经没什么危险了，但实际上危险才刚刚开始。连续的海浪和退潮被称为“波浪序列”，会导致大量的人员伤亡、不计其数的财产损失，并形成大量致命的漂浮物。沙滩上的沙子可能会被完全冲走，要再花几十年的时间才能恢复如初。而在标准高水位之上的树木和植被也会被完全淹没。事实上，海啸导致的内陆洪水能够达到 1000 英尺深，光是这一点就能告诉我们高处就是最安全的地方。“有悬崖线的地方就表示那里的水很深，”多明尼·豪斯建议说，“海啸在深水区是不会闹出多大动静的。”

蒂姆·哈德威克

海啸追踪系统

科学在减少人类损失方面的作用

自从 2004 年的印度洋海啸之后，世界各地都安置了安全装备以防止悲剧重演。这些特殊的警戒装置可以让科学家们预测到海啸将何时袭来，让人们提前几分钟知道海啸的到来。科学家们使用了一系列复杂的监测系统来追踪波浪的动态：设备被安置在海底，以测量压力升高值，然后将信息传到海表的浮标里，最后通过卫星传递到地面的监测站。

在深海中，海啸的振幅小于一米。使得波浪的幅陡度非常小，仅凭肉眼是无法识别的。但是，检潮仪可以通过测量海平面的高度识别出这些变化。这是由一个声传感器实现的，它连着一根在低处开口的水下垂直管。声传感器释放出脉冲声波，声波从垂直管的顶部传到底部，然后再返回到管子的顶部。通过声波的运行距离就能够测量出海水的高度。这一系统的灵敏度是由很多的过滤器保障的。过滤器会忽略微小的影响，比如风浪的影响，从而使计量器的对海平面变化的测量精确到 1 毫米。

海啸所引起的巨浪波长可达 200 千米。在深海水域里，海浪往往高达 1 米左右。

致命巨浪

很少有自然现象像海啸一样具有全球范围的影响力，绵延高耸的巨浪给人们带来了恐慌。接下来，我们一起来了解一下地球上最具破坏力的自然力量……

海啸不是“潮汐波”。“潮汐波”这个说法目前已经不常用了，因为海啸并不是由潮汐引起的。

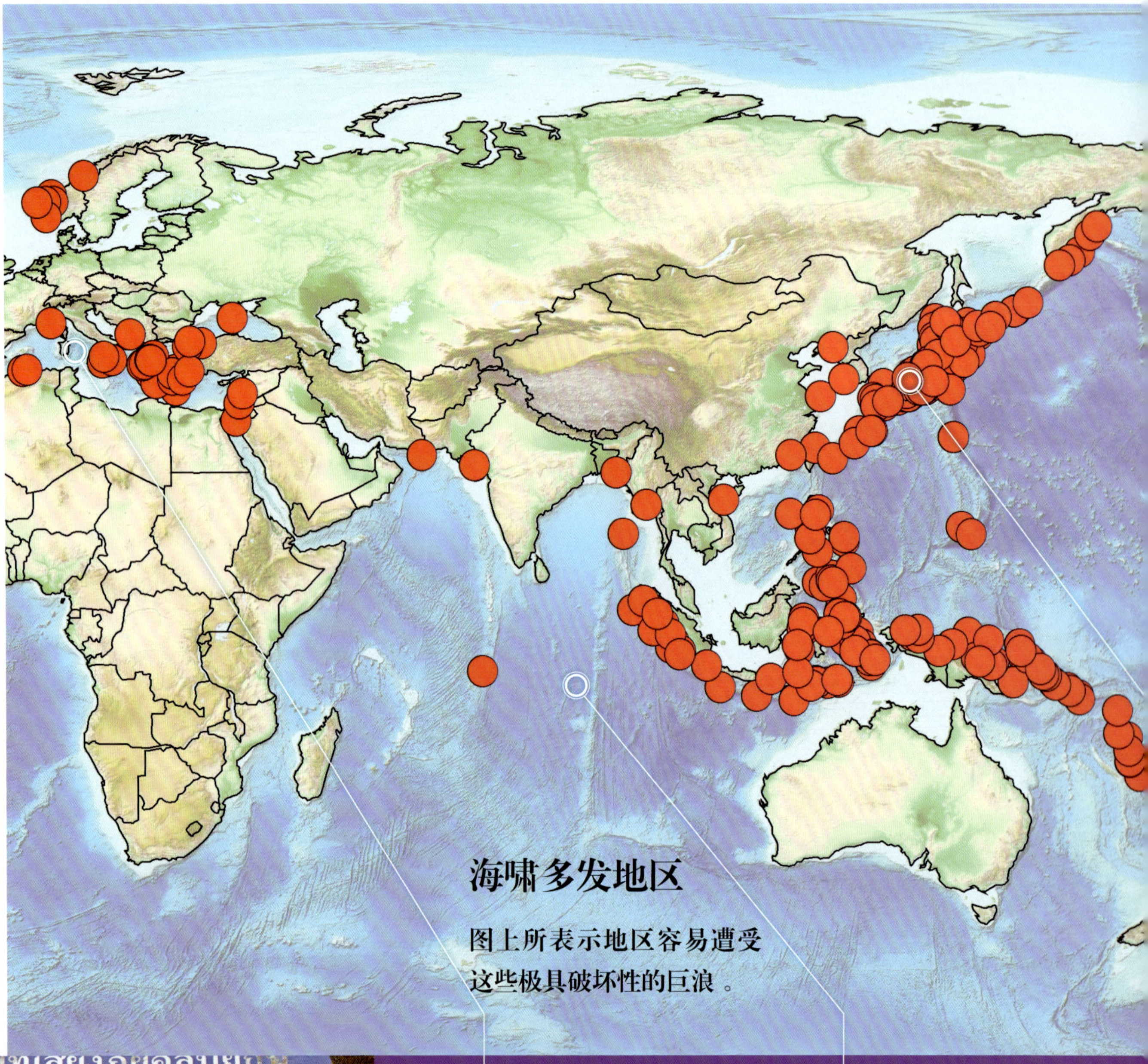

海啸多发地区

图上所表示地区容易遭受这些极具破坏性的巨浪。

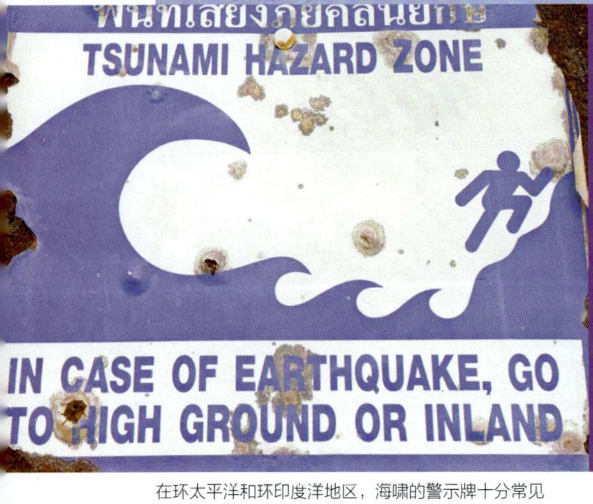

在环太平洋和环印度洋地区，海啸的警示牌十分常见

地中海沿岸

地中海沿岸有史记载的地震后引发的巨浪可以上溯到4000年前。公元前1600年，希腊圣托里尼的火山爆发引起的海啸给附近的城市文明造成了严重的毁害，最知名的就是克里特岛上的克里特文明。

印度洋沿岸

2004年12月26日发生在印度洋上的一场毁灭性海啸导致了14个国家和地区的近25万人遇难。这场海啸的毁灭性让近期的海啸都“黯然失色”，它是由一场9.1~9.3级的海底地震所引发的，印度板块移动到缅甸板块的下方，导致了海底强震的发生。

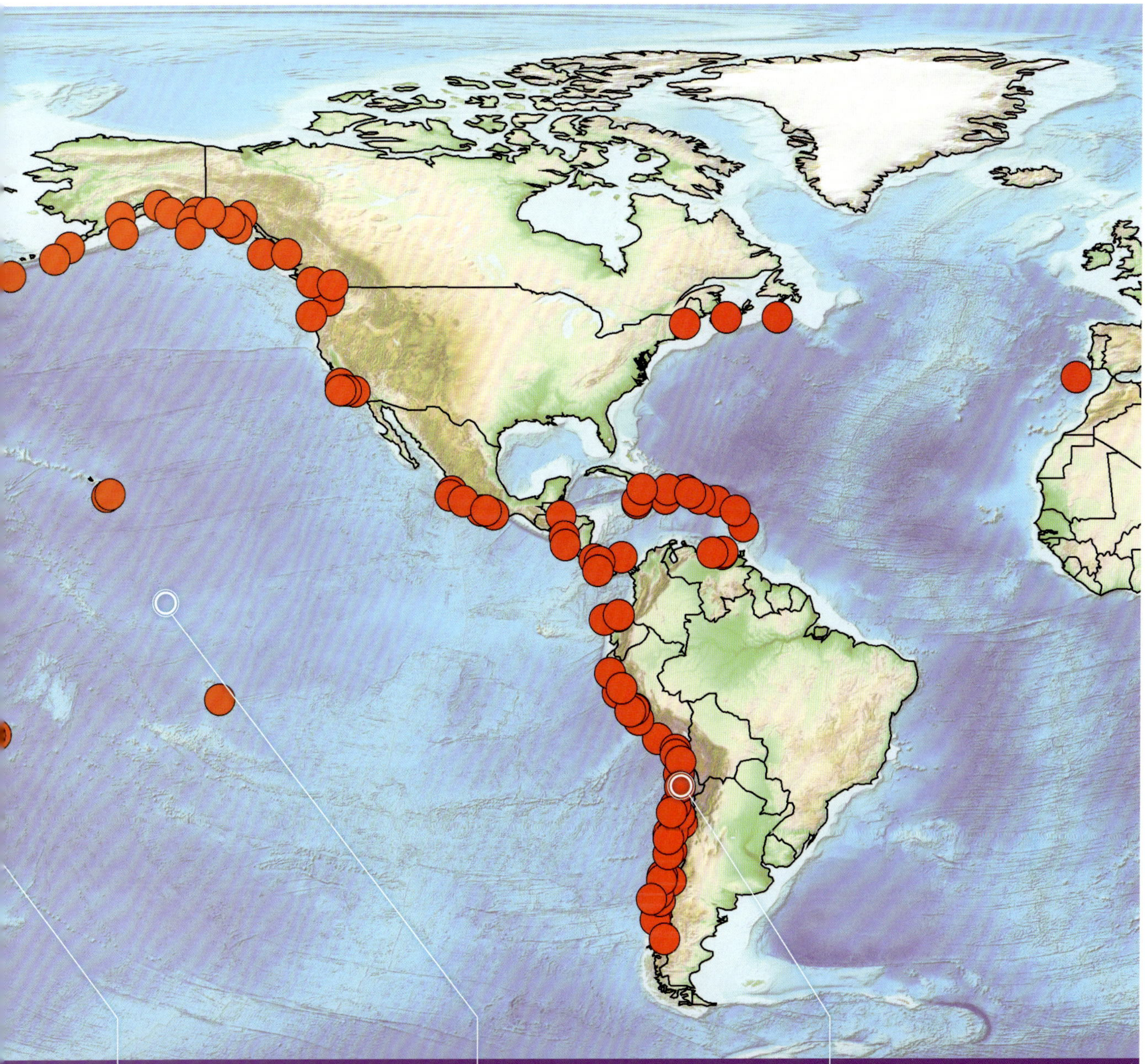

日本

在日语里，海啸的原意是“津波”[1]，日本东海岸的人们对海啸的危害非常了解。2011 年由日本仙台地区北方海域的地震波引发的巨大海啸，是有史以来当地发生的最大的海啸之一。

① 日语里“津”即“港”，“津波”就是“港边的波浪”。

太平洋

太平洋海域是海啸活动的大本营，主要是因为受到“环太平洋火山带”的影响，“环太平洋火山带”长达 4 万千米，由定期喷发且威力巨大的火山组成。这条火山带上的地震活动引发了很多场海啸。

南美洲

发生在纳斯卡和南美洲板块边界的地震，引发了智利和秘鲁沿海的海啸。2010 年，智利附近海域的一场地震引发了 53 个国家的海啸预警。

2011 年日本海啸导致的破坏性灾难，这场海啸导致了 18000 人遇难

海啸有的时候被描述为一场巨浪，然而实际上它们是由一波接一波的浪构成。这些巨浪在接近陆地的时候就会达到最高点。从 2004 年印度洋的海啸中我们可以看到，其危害的地区是相当广泛的。

近期有一份研究通过调查被 2004 年海啸严重影响的班达亚齐的一个洞穴，发现了一系列的海啸沉积层。专家们由此得出千百年来海啸的记录，并且这些数据最终可能帮助人们预测下一次毁灭性海啸的发生。

引发海啸的因素包括地震活动、火山喷发、冰川崩塌，极少数情况下还有小行星的撞击。大约 90% 的海啸都发生在太平洋海域，它们往往伴随着 30 多米高的巨浪，以每小时 80 千米左右的速度冲向海岸线。当巨浪在海洋中刚刚形成的时候，它的速度可达每小时 800 千米，但是由于巨大的波长，海浪的振动达到 20 分钟一次，实际上也很难被航行的船只所注意。

海啸的这一特性，会引起高出海岸线数百米的巨浪。20 世纪 80 年代的灵湖海啸就是这样的一场“大海啸”，这场由附近圣海伦斯山的火山喷发所引发的海啸，激起了 260 米高的巨浪。

巨浪曾经被认为是水手们主观的臆想。

滔天巨浪

海啸并不是海洋里唯一的巨浪。

有传言说海洋上航行的船只会被滔天巨浪直接吞没，人们开始还不信。但最近几年，随着拍照技术的进步，以及激光技术应用到船体上，10 层楼高的滔天巨浪已经被证实了。

滔天巨浪和海啸形成的原因并不相同。因为有了更灵敏的地震仪，现在很容易监测世界各地的海啸，然而，能够把船只轻易掀翻的滔天巨浪，目前还无法监测到。滔天巨浪是在不确定的地点涌起的大浪，往往是由海洋上的大风、洋流等综合因素导致很多小的浪形成了一个巨浪。

自从激光技术应用到船只上之后，人们可以准确地测出这些浪有多高，以及它们有多么不同寻常。数据显示，这样惊骇的滔天巨浪每 1000 年才会发生一次。然而，2001 年，有两个欧洲航天局的卫星被用来进行海洋观测。这个“大浪”计划在一项为期 3 周的任务中，监测到 10 个巨浪，每一个都高于 25 米。

因此，滔天巨浪比海啸更常见，比其他海浪更甚的是，它们会对深海里的船只带来致命危险。科学家们认为，洋流和海浪从不同方向涌来时，洋流就会像棱镜一样，把海浪“聚焦”产生更大的滔天巨浪。

海洋的十大真相

一场关于地质学和地球海洋中原生植物的大冒险

10 海 草

它们朴实无华，却对一系列的鱼类、鸟类和海洋生物至关重要。

世界上有超过 50 种不同的海草

海草以及其他的藻类并不是海洋中唯一的植被。海草是海洋中的开花型植物。海洋中大约有 50 种海草，大部分集中生长在温暖的水域中，如热带海域。典型的海草长着又长又细的叶子，叶片内部有气腔。这些叶子从根茎中长出，根茎根植于海底，这样有利于抵御海浪，还能加固其下的沉积物。海草喜欢生长在浅水区域，而且能形成厚厚的“底床”，为水生生物提供了重要的栖息地。

人类已知的直接寄居在海草上的水生生物包括绿海龟、海牛、鱼类、鹅类、天鹅、海胆和螃蟹。海草既可以分散地长在小块的地方，又可以长得像地毯一样覆盖数千米的海域。它们可以像垫子一样抵御水流。但是水流越湍急，海草能存活下来的概率就越小。

海草喜欢生长在浅水区域，而且能形成厚厚的“底床”，为水生生物提供了重要的栖息地。

红树林有多种形态，包括乔木状和树状。不论其大小如何，所有红树林都能适应浸水地域的低氧环境

09 红树林

藻类、海绵动物以及无脊椎动物都得益于“谦卑的”红树林。

很多热带和亚热带海域都生长着一种特殊的植物，这种植物就像是大型的灌木，它被称为红树林。这些植物常常沿着海岸线生长，形成大片密集的水中“森林”。它们的适应能力非常强，可以生长在咸咸的海水中。其他的陆生植物可受不了那么咸的海水。红树林能做到这一点是因为它们特殊的树根可以过滤盐分，其树叶可以把盐分排进水里。

红树林构成了珊瑚礁这一植物群落，大大丰富了生物多样性。红树林复杂的根部系统为水生生物提供了生长的“温床”，它们还是藻类、海绵动物以及其他的无脊椎动物的“秘密基地”。红树林和海草一样，对沿海区域以及咸水湖的湖底形成至关重要。

你可能很难想象红树林的覆盖范围有多么宽广：在所有的中美洲国家中，伯利兹的森林覆盖率是最高的。红树林的面积就足以说明该国的森林覆盖率有多高。世界自然基金会[①]2010年的一项基于卫星数据的调查显示：伯利兹的红树林有 184548 英亩[②]，相当于伯利兹 3.4% 的国土面积。

红树林能在高盐度的水中存活下来，这是因为它的根部可以过滤盐分。

① 世界自然基金会：一家非政府环境保护组织，设立的宗旨是为了保护世界物种多样性。
② 1 英亩约为 4046.86 平方米。

08 海洋真菌

世界上最古老的生命形态，也许可以作为新的药物来源。

海底之下生活着大量未知的微生物生命群落，科学家称之为“黑暗生物圈”。如今人类对这片区域才刚刚开始探索。其中一种生命因为它的基因多样性以及在研制新药方面的潜力，让研究者们欣喜不已，它就是古老的海洋真菌。

“真菌能产生有趣的天然化合物，其中一些是抗生素。”来自马萨诸塞州的海洋学研究所的微生物学家威廉·奥尔西（William Orsi）介绍说，“深层生物圈的真菌对于制药行业来说是一片尚未开发的宝藏。”

奥尔西分析了取自海底以下 127 米的沉积物，它们来自世界各地的海洋盆地。在这些沉积物中，他已经发现了多种存活于海泥中的真菌群，其中一些已有 270 万年的历史。人们发现存活于太平洋海泥中的最古老的真菌与海泥中的有机碳沉积物的数量密切相关，这说明了该真菌在地下生态系统的碳循环中的作用。如果你认为某些真菌可以化解工业毒素，甚至是排放到海水中的原有成分，你真的猜对了！

但是海中的真菌并不都是对环境有益的。比如说，能导致人体出现头皮屑和湿疹的真菌就是在海中发现的，但是这种真菌更喜欢珊瑚礁。人们怀疑这种真菌会导致疾病和生态系统恶化。

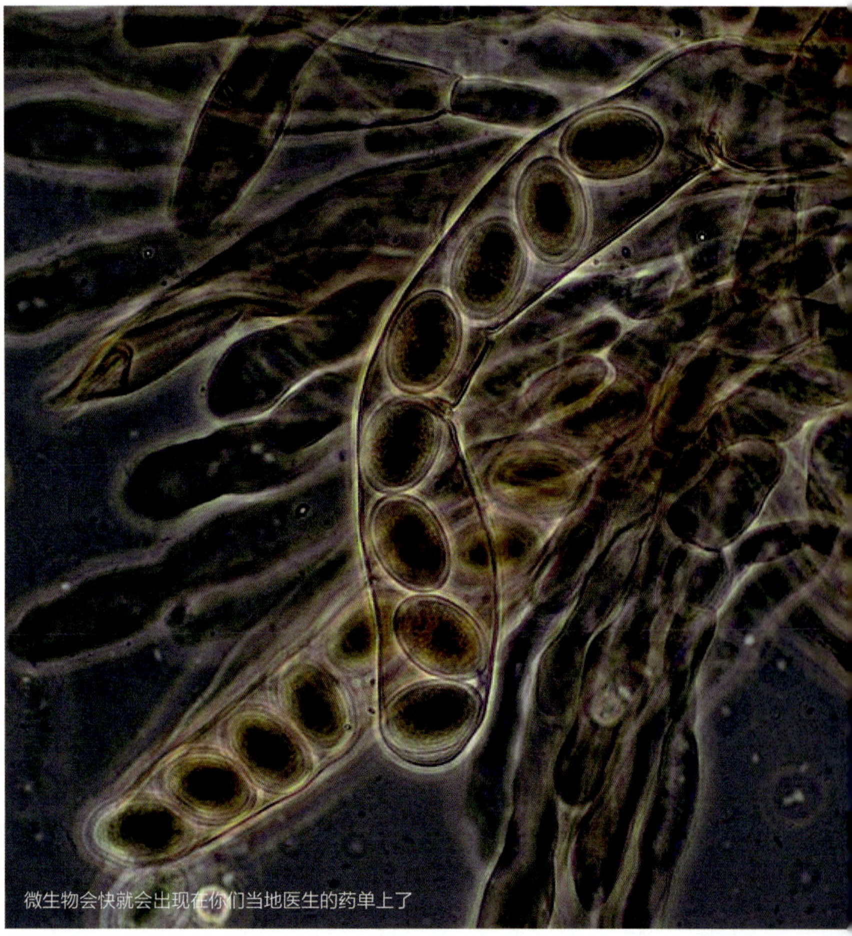

微生物会快就会出现在你们当地医生的药单上了

真菌可以产生天然化合物，其中一些是抗生素。它们是一片尚未开发的制药资源。

总重量为 1,450000000,000,000,000 短吨（1 短吨等于 2,000 磅，约为 91 千克）。

07 马里亚纳海沟

快来吧，看看世界上最深的海沟……

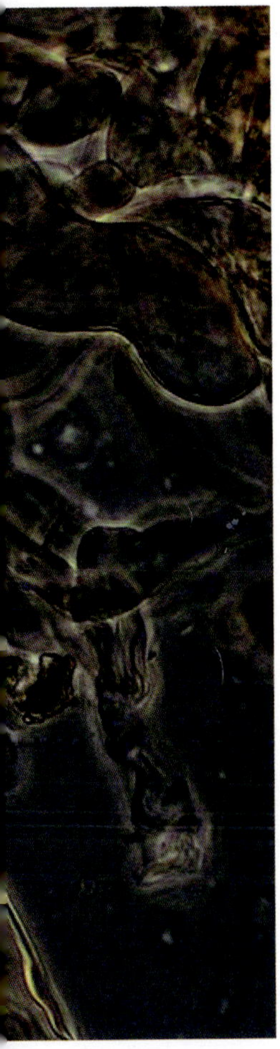

如果你想看看海洋里最深的地方，最好去西太平洋，在马里亚纳群岛东边靠近关岛的地方，就是马里亚纳海沟。除了活跃的海底热泉①和泥火山②，这条长达 1,500 英里的海沟里有一处“挑战者深渊”（Challenger Deep），据说这里有 36,000 英尺深。我们来做个比较，珠穆朗玛峰是 29,000 英尺高，现在你明白它究竟有多深了吧。

马里亚纳海沟的形成是因为俯冲。地壳的两个巨大的板块撞击在一起，迫使一个板块俯冲到另一板块的下面。这条深深的海沟是两大板块相撞的历史见证。但是海沟底部巨大的水压绝对会打消你去那儿看看的想法。那里每平方英寸的地方要承受八吨多的重量，这相当于在你身上放 50 架波音 747！

尽管挑战者深渊的水压那么大，还是有生物可以在那里存活。科学家们往深渊里投入了特制的探测罐，并在其底部收集了沉积物，发现那里生活着不下 200 种微生物。

令人惊讶的是，马里亚纳海沟并不是最接近地心的地方。由于地球在赤道处膨胀，使得北冰洋的海床比挑战者深渊更接近地心。

马里亚纳海沟位于关岛的东部

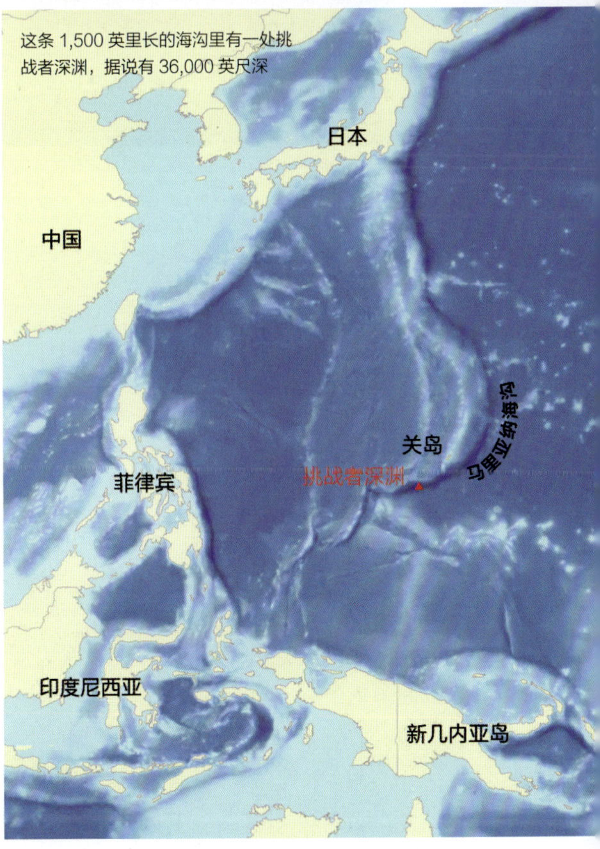

这条 1,500 英里长的海沟里有一处挑战者深渊，据说有 36,000 英尺深

---

① 海底热泉：指海底深处的喷泉，喷出来的热水就像烟囱一样。
② 泥火山：指泥浆和气体同时喷出后堆积形成的山。

这条长达 1,500 英里的海沟里有一处“挑战者深渊”，据说这里有 36,000 英尺深。

06 冰冻的海洋

欢迎来到北冰洋——世界上最小、最浅的大洋。

北冰洋的面积约为 5,427,000 平方英里，和俄罗斯的面积差不多大，但是它仍然是世界五大洋[①]中最小、最浅的海洋。北冰洋是被探索得最少的大洋之一，主要因为它的某些地方常年被冰块覆盖。北冰洋被几大地块[②]围绕，包括欧亚大陆、北美洲、格陵兰岛以及其他的几座岛屿。北冰洋的海底有一条海底山岭，将北冰洋分为两大盆地。两大盆地又被其他的山岭分成很多小盆地。

北冰洋的洋面水温和盐度随季节而变化。盐分将海水的冰点降至零下 2 摄氏度。除此之外，当北冰洋的大气温度下降时，海水会结冰形成厚厚的冰层。这时候，细小的冰针开始出现，并形成一种名为“碎冰”的无盐溶液。当温度继续下降时，碎冰会变厚，慢慢地将盐水吸纳进冰层。在重力的影响下，较重的盐水最终降到下层的冰层，而上层的冰层会越变越厚逐渐形成浮冰。

在夏季，冰块融化，冰盖会降至之前的一半。浮游植物（详见下文“浮游植物”的介绍）会在此时爆发式生长。即使是在全天都看不见太阳的极夜[③]时期，浮游植物仍能在黑暗的冬季存活下来。气候变化被认为是导致北冰洋海冰日益减少、格陵兰岛冰层融化的罪魁祸首。

① 五大洋：地球表面的水域分为五大区，被称为五大洋。即太平洋、大西洋、印度洋、北冰洋和南大洋。南大洋为环绕南极洲的一个大洋。
② 地块：具有一定综合结构形态、属于一定构造体系的地质块体。
③ 极夜：又称永夜，是在地球的两极地区，一日之内，太阳都在地平线以下的现象。北极和南极都有极昼和极夜之分，一年内大致连续六个月是极昼，六个月是极夜。

气候变化被认为是导致海洋冰量日益减少的罪魁祸首。

海冰意味着北冰洋是世界上被最少探索的海洋

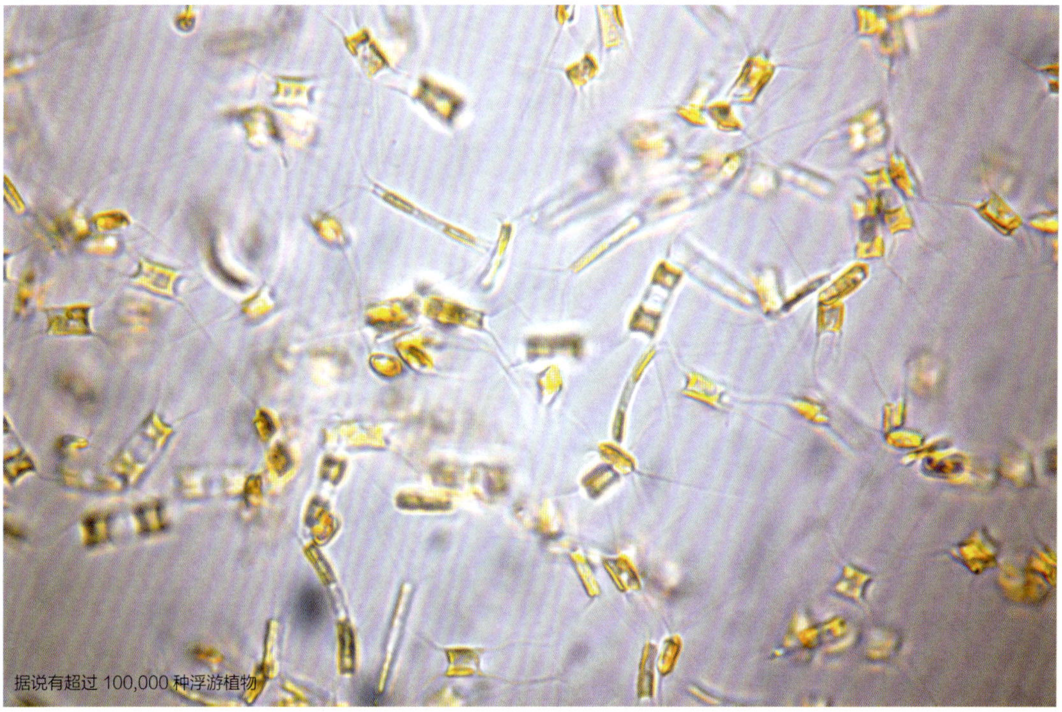
据说有超过 100,000 种浮游植物

05

浮游植物

这些单细胞植物是食物链中最重要的成员之一。

让海洋生态如此有趣的是隐藏在其中的大量生命——不仅仅是深海中的生命，还包括分布在各个水层的生命。微藻类的出现是构成海洋生物多样性的重要原因之一。这些微藻类被称为浮游植物，是食物链的重要组成部分。这些单细胞植物不仅能为很多水生动物提供养分，而且能帮助调节大气中的碳含量，还产生了相当于陆上所有植物每年产生的光合作用量。

硅藻和双鞭毛[①]虫是最主要的两大浮游植物种类。硅藻的盒形细胞壁由二氧化硅组成，包裹着两片叠合在一起的细胞膜。它们有的是单独的，有的是成串的。将自身一分为二就能产生下一代，所以每一代都比上一代要小。人类已知的硅藻有 100,000 种。

名号如此复杂的双鞭毛虫因形态而得名。它们像鞭子似的鞭毛可以让它们在水中畅游。它们的保护墙由纤维素构成，而不是二氧化硅。双鞭毛虫不会像硅藻那样形成串。某些种类的双鞭毛虫甚至会产生毒素，当它们大规模地释放毒素时，就会产生“赤潮”，这对其他的海洋生物是有毒的。最引人关注的也许是能产生生物性发光的双鞭毛虫，如果数量足够多的话，它们能在夜晚点亮海浪。

双鞭毛虫得名是由于它们像鞭子似的鞭毛[①]，鞭毛可帮助它们在水中运动。

① 鞭毛：很多单细胞生物和一些多细胞生物细胞表面像鞭子一样的细胞器，用于运动及其他一些功能。

04 大西洋中脊

由一条裂缝形成，该裂缝将北美洲板块与欧亚大陆板块分隔开。

如果在你的想象中，海底世界就是一片毫无特色的平原，平原上只是一些奇奇怪怪的洞穴，那么这篇关于地球上最长的海底裂谷的文章绝对会刷新你的认知。它叫作大西洋中脊，从冰岛绵延至南极洲。它通过一条深达 25,000 英尺的沟壑将北美洲板块和欧亚大陆板块分隔开来。这条山脊是在 1872 年被发现的，当时英国皇家海军舰艇“挑战者”号正在进行电报线缆的铺设考察。但是直到 1925 年，人们利用声呐才确定了该山脊的存在，并发现它一直绵延到了印度洋。

该山脊位于大西洋中脊的最高点。大西洋中脊是海底的凸出部分，这是因为随着两个地质板块相分离，热对流迫使洋壳上升，就形成了海脊。岩浆从地幔向上涌至洋脊的表面下方，那里的压力较低，表面的热岩石开始熔化。新的洋底就是这样形成的，而海洋盆地也是这样扩张起来的，这个过程就叫作海底扩张。（事实上，其实是洋脊的发现验证了海底扩张这一理论。）

大西洋以每年 0.02 米的速度从大西洋中脊向外扩张。这也就是说，北美洲和欧洲将离得越来越远，其速度大概跟你手指甲的生长速度差不多。

大西洋中脊在冰岛浮出水面

大西洋以每年 0.02 米的速度从大西洋中脊向外扩张。

一只深海水母恰好路过大西洋中脊中的巨大喷涌口的南侧

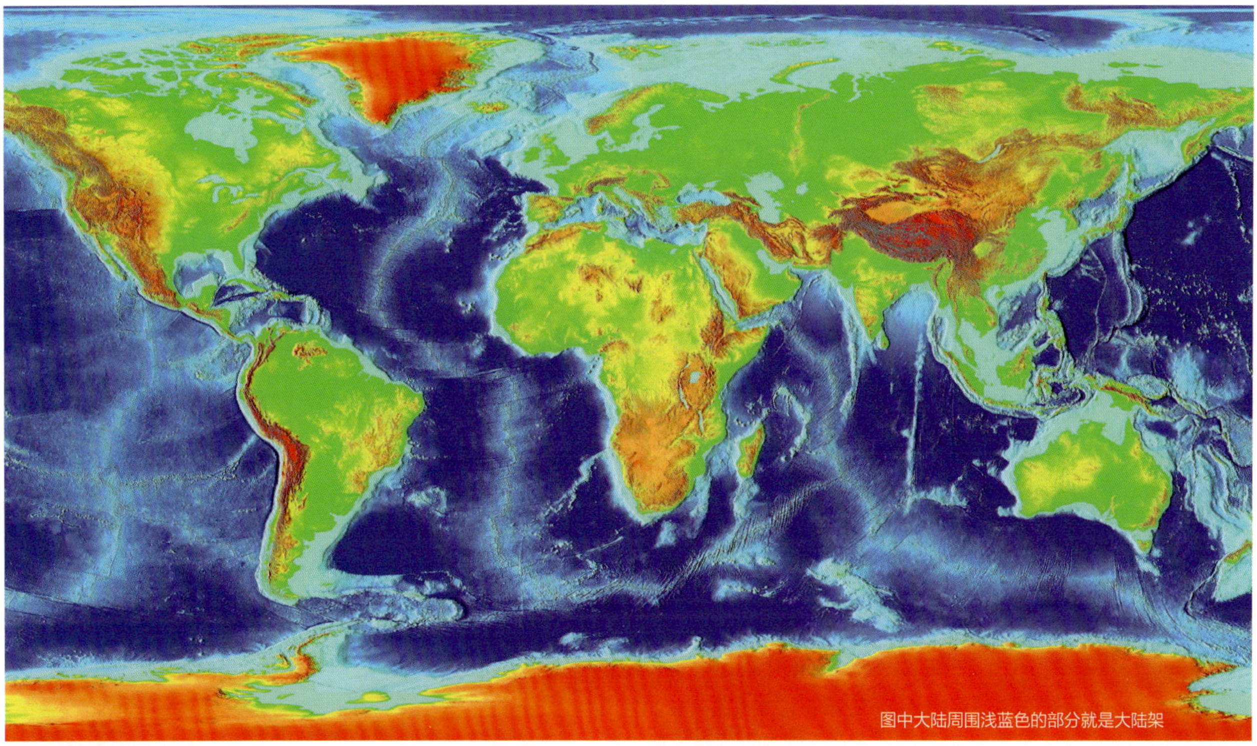
图中大陆周围浅蓝色的部分就是大陆架

03 大陆架

往海洋里潜得深一点，你就会发现一片由峡谷和沟渠构成的世界。

如果你看着地球的地理地图，认为大陆在与海洋接触的地方就消失了，那么你错得情有可原，因为我们在地图上看不到大陆架！其实，大部分大陆都会在海洋里绵延出一片区域，这片区域就是大陆架。比如说不列颠群岛周围的大陆架是英国国土面积的好几倍。

事实上，这些海底的疆域大约占全世界海洋总面积的 7%。这些浅浅的海下区域呈现出多姿多彩的风景，如具有代表性的峡谷、沟壑，它们是许多海洋生物的家园。

综观全球，海底大陆架的平均深度约为 200 英尺。阳光很轻松地就能够照到海底。大陆架是许多海洋生物的栖息地。研究者们估计，大约有 15% 的海洋植物生长在大陆架区域。“陆架坡折区”指的是大陆架终止的地方，那里的坡度很陡，“深海区”从那里开始，并被称为“海下的沙漠地带”。

大陆架的平均宽度约为 40 英里。西伯利亚大陆架是世界上最大的大陆架，位于北冰洋，宽约 932 英里。中国南海、北海和波斯湾也有大陆架。然而，与之形成对比的一些地质区域，如智利的海岸和苏门答腊岛西部的海岸并没有大陆架，这是因为它们位于地壳构造板块的结合处。

西伯利亚大陆架位于北冰洋，宽约 932 英里，是全球最大的大陆架。

02 冷泉

冷泉比深海热泉更加沉静，但仍然孕育了很多生命。

冷泉是深海中的喷涌口，温度不是很高，但仍然向周围的海水中释放硫化物、甲烷和富含氮氧化合物的液体。查尔斯·保罗（Charles Paul）教授因发现冷泉而闻名世界。1984年，他和他的团队在墨西哥湾的 3,200 米深处发现了冷泉。从那时起，人们在日本海的 6,500 米深处以及阿拉斯加海岸接连发现了冷泉。

和深海热泉不同的是，冷泉是慢慢地释放气体和液体，它使得海水和甲烷产生反应，久而久之就形成了充满二氧化碳的岩层和礁石。简单的有机体群落在冷泉的喷发口处聚集，一般来说比在热泉停留的时间要长，这是因为冷泉提供资源的能力相对来说更加稳定。居住在这里的巨型管虫能活 250 年。但冷泉最著名之处就是蚌

墨西哥湾的一处化学合成的冷泉上布满了蚌类

冷泉向周围的海水中释放硫化物、甲烷和富含氮氧化合物的液体，为很多生物群落提供了绝好的繁衍环境

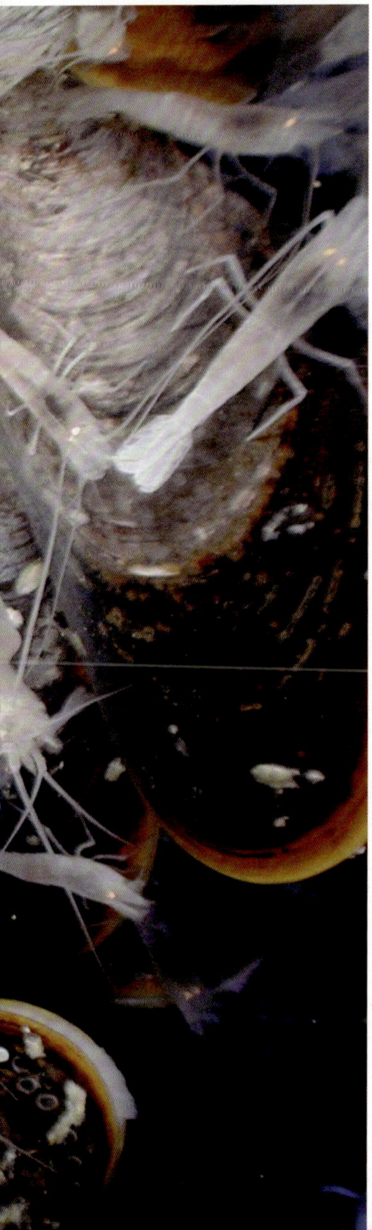

类可以在那里大量繁殖。很多的生物比如蚌，和微生物有共生关系。微生物可以将硫化物和甲烷转化为碳氧化合物，而作为交换，蚌类为细菌们提供安全的港湾。

然而当冷泉逐渐变得不那么活跃时，那些巨型管虫就会开始搬家，这就为珊瑚腾出了地方，好让它们在裸露的碳酸盐基质上安顿下来。

冷泉闻名于世不仅仅因为它们在深海生态系统中的作用，还因为它们被证明是非常有价值的能源来源。天然气水合物中以化学形式存储着大量的能源，而且冷泉附近的海水中富含着大量的甲烷。现在很多国家，包括美国、日本、韩国、印度和中国，都在探索从冷泉中安全地获取能源的办法。

很多国家都在探索从冷泉中安全获取甲烷的办法。

01 深海热泉

海底喷发口是各种各样复杂微生物的家园。

海底热泉喷发口，也被叫作“黑水喷口”，位于地球表面的破裂处或裂缝处，能喷发出经地热加热的水。典型的深海热泉位于火山活跃地带，那里炽热的岩浆离表面壳层非常近。在陆地上，那些喷发口看上去就像往外喷发沸水、蒸汽或气体的泉眼。但是在海底，情况就大不相同了。海底的喷发口通常有数百米宽，由于喷发口位于很深的水下，所以喷发口表面承受的压力非常大，喷出的水不可能是沸水。

深海热泉能够在海底形成烟囱层层堆叠的形状，归因于热水中的很多

一大片歪尾下目蟹（anomuran crab）在一处深海热泉聚居

溶解矿物质（如硫化物）的结晶作用。黑色的形成是因为当冰冷的海水和超热的喷发水相遇时，水中的矿物质沉淀了下来。太平洋和大西洋的水下 2,000 米处都存在黑水喷口。

也许令人惊讶的是，黑水喷口的附近区域居然是各种各样复杂微生物的栖息地。这些微生物在流水喷出的过程中觅食。它们并不是依赖光合作用而生存，因为太阳光照不到如此深的海底，它们是利用化能合成作用①将硫化物转化为能量。

在 2000 年，科学家们在中大西洋一个名为“失落之城”的地方发现了大片的深海热泉，并发现含有大量的碳酸钙。那里有大约 30 处烟囱状的喷发口，都位于亚特兰蒂斯山（the Atlantis Mass）上，那里的富氢液体和甲烷由海水和地球上地幔反应生成。这些喷发口比黑水喷口的历史久远得多，而且没有朝水里释放很多二氧化碳、硫化氢或金属物质，但它们却是微生物和无脊椎动物的家园。

更加吸引科学家们的是，“失落之城”提供了基于地球的生态系统模型，该系统由非生物的甲烷和氢气供给能量。研究者们认为这种环境也许可以在其他星球上孕育生命。

蒂姆·哈德威克

深海热泉位于火山活跃地带，那里的岩浆离表面壳层非常近。

微生物利用化能合成作用将硫化物转化为能量

① 化能合成作用：自然界中存在某些微生物，它们能以二氧化碳为主要碳源，以无机含氮化合物为氮源，合成细胞物质，并通过氧化外界无机物获得生长所需要的能量，这一过程就称为化能合成作用。

植物区系[1]和浮游植物

潜入海中你就会看到一个水下植物的世界。欢迎来到蓝色大海中的森林世界。

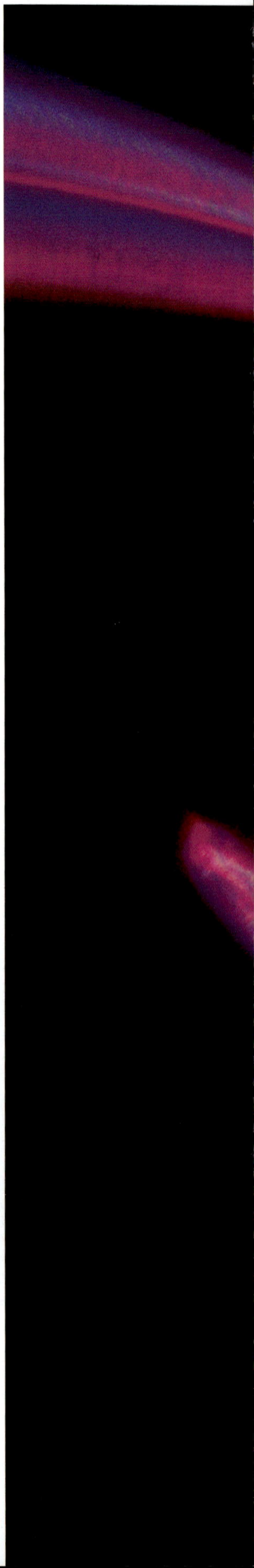

海洋的植物世界可以简单分为两大类：海草和海藻。一些真核生物[2]（eukaryotic organism）根植于海底，在水中向上生长，靠阳光生存。而另一些则漂浮在海洋中，产生大量的氧气。浮游植物就是这样的“流浪者”，它是地球上数量最多的生物之一。

这些被称为微藻类的单细胞生物几乎是所有水下生态系统的基础。它们分为两大类：鞭毛藻类（dinoflagellates）和硅藻类。鞭毛藻类使用像鞭子一样的尾部在海水中运动，而硅藻类则利用水流进行运动。浮游植物是“初级生产”[3]（光合作用）的主要贡献者。所以，它们利用二氧化碳创造的有机化合物能够为脆弱的海下生态系统提供动力。

浮游植物主要生存在靠近海面的地方，而在海底有另外一个有趣的世界。红藻（红藻植物门）（rhodophyta）是海洋里种类最多、规模最大的真核生物之一。红藻既有单细胞的也有多细胞的，其颜色是由溶于水的蛋白质（藻胆色素蛋白）决定的。红藻也可以黏附在珊瑚上，这样就能形成醒目而多样的礁石。

此外，绿藻是目前为止最常见的藻类，从体型上来看，绿藻中既有微生物，又有较大的生物。这种特殊的藻类呈现蓝绿色，这是因为它体内的叶绿体。棕藻生活在礁石和海底，也具有重要的作用。但是棕藻的种类并不像其他的藻类那么多样（大概有 1500 种，包括很多种类的海藻）。棕藻能将氮气转化为水生生物能够利用的形式，这一点非常重要。

除了它们的海下家园，这些半水生生物对于世界海洋的长久存在也具有重要意义。池塘和港湾中的海藻能够为小的无脊椎动物和鱼类提供食物和栖息地，而这些无脊椎动物和鱼类又是较大鱼类的食物。水下的植物也有助于保持各个层面的沉积物水平，还能够对海水进行再氧化。

但令人悲伤的是，尽管这些海洋植物对海洋生态系统如此重要，它们却不断地遭受着威胁。海洋污染正在吞噬着地球的大多数植物，形成了一片片死亡地带，这对脆弱的生态系统无疑是致命之灾。但好在一些海洋保护组织，比如世界海洋保护组织（Oceana）和绿色和平组织（Greenpeace）将会扭转乾坤。

敦·瑞瑟·林肯

① 植物区系：某一地区，或者是某一时期，某一分类群，某类植被等所有植物种类的总称。
② 真核生物：所有单细胞或多细胞的、其细胞具有细胞核的生物的总称，它包括所有动物、植物、真菌和其他具有由膜包裹着的复杂亚细胞结构的生物。真核生物与原核生物的根本性区别是前者的细胞内有以核膜为边界的细胞核，因此以真核来命名这一类细胞。
③ 初级生产：指自养生物即无机营养性生物所进行的有机物的生产。在一般生态系统中，光合成生物（绿色植物和光合细菌）所进行的有机物生产在数量上占绝大多数，因此，一般也多指光合成生物的有机物的生产。

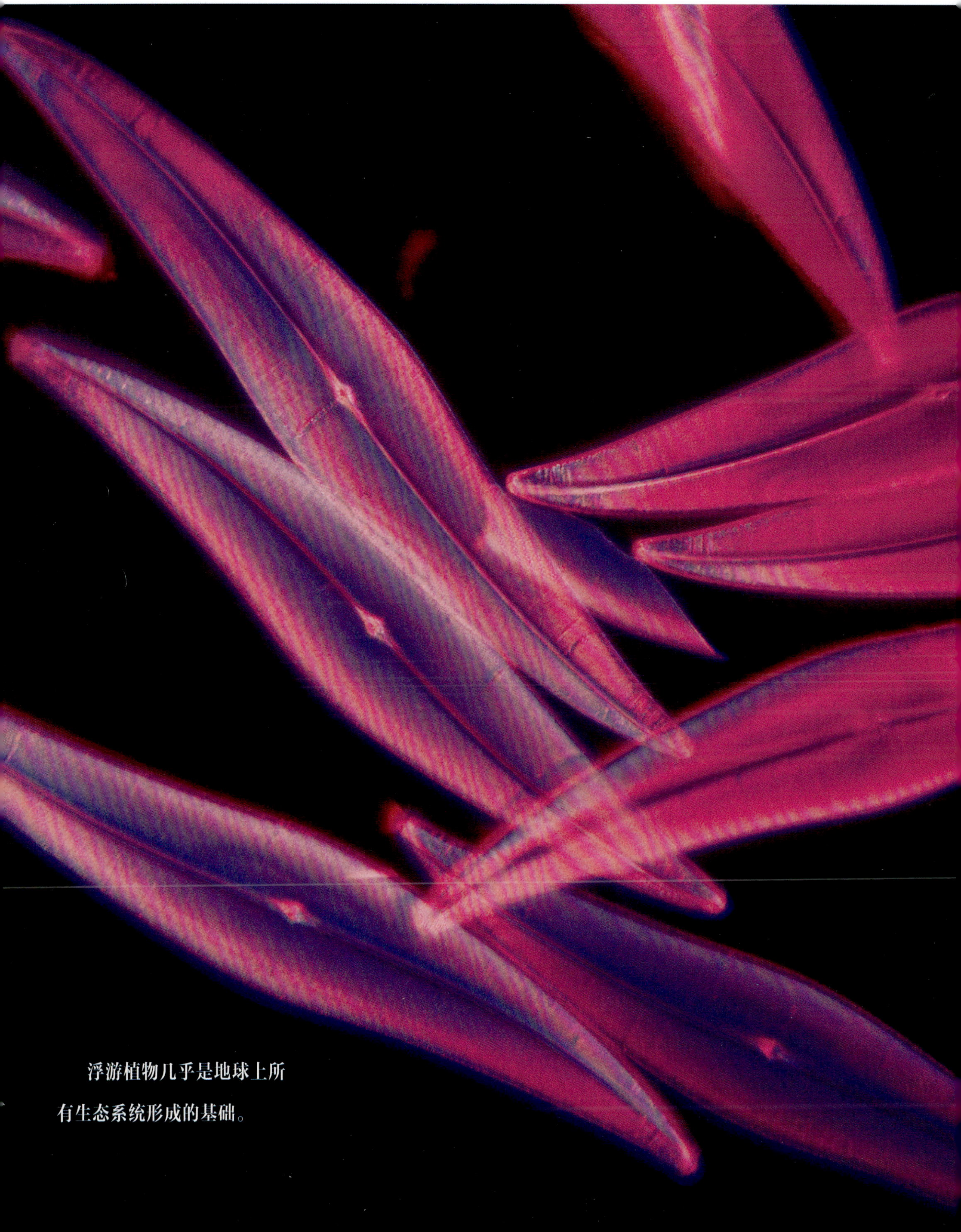

浮游植物几乎是地球上所有生态系统形成的基础。

海藻和冰激凌很搭哦。果冻藻，又称琼枝藻，是一种红色的海藻，是由早期的美国移民发现的。经过烹煮可以制作果冻。

5 海藻的五大惊人真相

海滨之上，它无所不在，但你对毫不起眼的海藻了解多少呢？它比一般的陆上植物都要坚韧，还有很多真相等你来发现……

01 药用海藻

由于海藻抗炎杀菌的特质，数千年来，人类将各种各样的海藻用作药材。古罗马人使用草药和海藻的混合物来治疗伤口、烧伤和皮疹。甚至有证据显示古埃及人使用海藻治疗乳腺癌。现代研究认为这种治疗是有用的。研究发现海藻可以用于抗肿瘤，比如用来治疗白血病。而针对孔博（kombo）和裙带菜（wakame）这两种海藻的研究测试已经证明海藻可以防范和癌症相关的基因突变。也许海藻对医药最大的贡献发生在1812年，当时法国化学家伯纳德·库尔图瓦（Bernard Courtois）开始从海藻灰中提取钠和钾用于工业用途。有一天，库尔图瓦在提取过程中犯了个错误，实验室里剧烈地产生蒸汽，就这样，他发现了碘。碘是现代抗菌剂和杀菌剂中的主要成分。

02 不是植物的海藻

海藻不是植物，而是藻类。这样分类的原因非常充足。首先，藻类可以是单细胞的，而植物总是多细胞的。其次，藻类和植物不一样，没有维管系统 来摄取和运输水分和营养。所以海藻中的每个细胞都必须自己从水环境中摄取养料。当然了，植物和海藻都可以进行光合作用，甚至连生命周期都是一样的，但是相似之处也仅限于此。植物一般根植于陆地，而且不能移动，而很多海藻是随水流运动的。不仅如此，植物的生殖系统非常复杂，常常依赖鸟类、昆虫和风进行授粉。但是海藻不是这样，海藻是无性繁殖，或者释放出“游动孢子”来成长为新的个体。

海藻是无性繁殖的。这就是为什么它是藻类而不是植物。

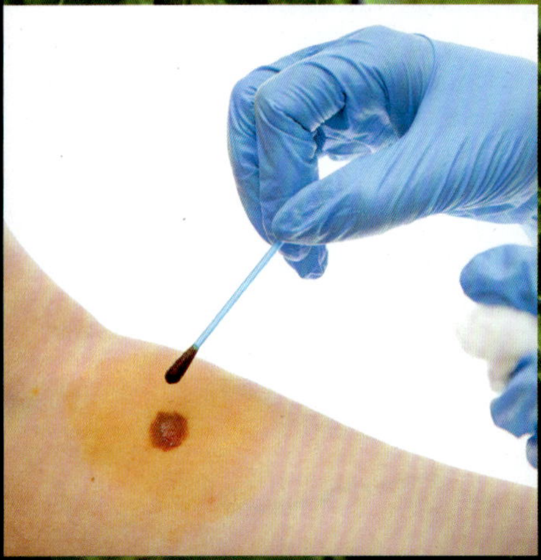

03 最长的海藻

巨藻是世界上最长的海藻种类。通常，巨藻生活在南半球和东北太平洋岩石遍布的海底，那里水温适宜。这种庞然大物一天可以长两英尺，所以它是世界上长得最快的“植物”（如果算它是植物的话，请看第 2 点）。它的叶子是竖直的，遍布充满气体的囊状物。巨藻不断地朝着洋面生长，最终会形成曼妙的华盖。巨藻能够在动荡的海水中茁壮成长，如果营养充足，长到 175 英尺也没问题。虽然长那么高，但是巨藻不会断也不会折，这都多亏了它强韧灵活的像茎一样的叶柄。即使有强大的海浪，叶柄依然能在海洋里开心地摇曳。

04 海藻森林

不仅仅是珊瑚礁保障了海洋的生物多样性，巨藻也能够形成茂密的水下森林。和陆上森林一样，水下森林对成千上万的水下生物的生存至关重要。浓密的枝干不仅能将巨藻固定在海底，还能为鳗鱼、蜗牛和小龙虾提供栖息地。海胆容易在这种环境中迅速繁衍，有时候会吃掉巨藻的根部，导致其顶梢枯死 。海獭能够很轻松地在森林中捕食海胆。当然，总会有新的海藻不断地生长。它浓密的枝叶能为更多的无脊椎动物提供庇护，比如对虾、端足目和海星。一些以鱼类为食的哺乳类动物比如海狮和海豹也能在森林中找寻到食物。人们发现甚至灰鲸也在森林中捕食。

巨藻森林为大量的水下生物提供食物。

化石燃料，再见！海藻供给的原料，你好！巨藻能成为下一代的燃料吗？

05 下一种生物燃料

海藻农场能否替代化石燃料发电站？一些科学家给出了肯定的答案。现在，挪威的科学家们正在研究糖海带（sugar kelp）或阔叶巨藻，因为它蕴含的生物能是甜菜的三倍多。糖海带还能够清洁海洋中由化肥释放的多余氮元素。来自瑞典皇家理工学院（Sweden's KTH Royal Institute of Technology）的研究员弗雷德里克 · 格伦达尔（Fredrick Grondahl）解释说：“藻类能够像污水处理厂一样有效地吸收水中的氮元素。”格伦达尔是海洋农场项目的负责人，这个项目旨在瑞典建立一个以海藻为可再生能源的系统。“我们在海岸采集了大量的海藻，然后将它们转化为环境友好型的食物、药材、塑料和能源，”他说道，“我们也在海上培育海藻，这样我们在全年都能够开展工作。”

蒂姆 · 哈德威克

你问我答

你提的问题由下面几位老师来解答

以下科学家可以回答你的问题

吉姆 · 怀尔德教授
(Prof Jim Wild)
兰卡斯特大学
作为空间物理学的教授，他经常在高纬度的北极地区研究北极光。空间天气对技术的影响也是他研究的方向。

克里斯蒂 · 威尔科特斯
(Christie Wilcox)
夏威夷大学
克里斯蒂目前定居在欧胡岛，攻读细胞分子生物学的博士学位。她的兴趣是研究有毒海洋生物的毒素，例如狮子鱼。

马修 · 金奇博士
(Dr. Matthew Genge)
帝国理工学院
马修不仅仅研究小行星，甚至还有一个以他名字命名的小行星——6626“马金奇”。作为一名行星科学家，他对行星上的岩石和空间环境都很着迷。

克里斯蒂娜 · 齐尔葛德福博士
(Dr. Kristina Killgrove)
西佛罗里达大学
克里斯蒂娜是研究死人的，准确来说是研究死去的古罗马人。作为一名人类学家和考古学家，她的专长是研究古罗马人的骨骼，来推演他们当时的生活方式。

兰 · 迈贝特博士
(Dr. Lan Mabbett)
斯旺西大学
兰博士是一名工程师，从钢铁的内部构造，到大胆的新材料，他的研究改变着我们工程建造的方式。他目前在研究能够产生能量的材料。

保罗 · 考克森
(Dr. Paul Coxon)
剑桥大学
作为一名材料学家，保罗的研究领域涵盖了物理、能源和 X 光射线。同时，他也在纳米研究的前沿领域。

珊瑚的色彩为何如此鲜艳?

六放珊瑚的颜色和样式多的让人眩晕，包括亮黄、橙黄、深蓝、亮紫等颜色。有的甚至有多重颜色的搭配，像是绿色、橙色、紫色组成的同心圆。这些炫目的色彩由六放虫释放的蛋白质所形成，六放虫是一种寄居在珊瑚里的水生物。这些蛋白质是自带荧光的，这也意味着它们在紫外光下看起来是不一样的。但目前还没人知道为什么有些物种会产生炫目的色彩。

有证据显示，这些彩色蛋白质能够抵抗氧化造成的损害，也帮助珊瑚抵抗住了氧化问题，同样的，彩色食物中提取的抗氧化剂对人类也是有益的。还有可能是因为这些蛋白质能够吸收或者反射光线中有害的光波来保护六放虫，就像内置了遮光剂一样。

六放珊瑚的颜色也会受到环境因素的影响，如光线强度、温度、水体化学成分等。在水族馆里研究鱼类的人很难发现这个现象，他们观察的珊瑚会变成一种单调的淡褐色，因为这些珊瑚处在了并不适合的水深和光照环境里。

大卫·阿克拉特（David Arkright Rotherham）

英国，罗瑟勒姆

为什么只有海水是咸的?

海水之所以是咸的，是因为含有钠和氯化镁。这些物质来自于陆地岩石的风化，河流和湖泊中也存在，只不过含量较少。蒸发作用使积水——比如海洋中的水分减少，留下盐分，从而增大了盐的浓度。

盐的浓度高低取决于蒸发强度和时间长短，温和的气候环境下，河流和湖泊几乎不蒸发，并很快汇入海洋。干旱地区的湖泊蒸发较快，有时含盐量甚至高过海水。

特伦斯·霍城（Terrence Hochem）

英国，诺丁汉

50

64

68

70

78

2 海洋生物

探秘海底深处

要想在地下一千多米的地方生存，需要具备诸多的适应性技能。这些技能非常独特，令人瞠目结舌。

人们常常说，人类对太空的认识比对海洋的认识要多得多。但是，不是说不尊敬霍金和他的小伙伴，我们确实还不知道太空究竟有多大。所以上面那句话没什么说服力。我们之所以这么认为可能是因为我们已经把 12 个人送到了月球上，但是只把 3 个人送到了海洋的最深处——马里亚纳海沟。根据美国国家海洋和大气局发布的数据，海洋占地球表面的 71%，拥有地球上 97% 的水资源，但是超过 95% 的深海海域我们还从未探索过。

居住在潮间带①（intertidal zone）和海洋光合作用带的生物对我们来说不是那么陌生。潮间带是海水和海岸相接的区域。海洋光和作用带指的是海洋上方阳光能照到的地方。由于光合作用，那里的植物和动物都能够蓬勃生长。但是再往下 100~200 米，阳光就慢慢消失了。再接着往下，到达海下 1,000 米的地方，就完全是一片黑暗的深渊了。那片黑暗的深渊占了全部生物圈的 79%，我们说的可是地球上所有生态系统的 79%。

在那里，黑暗笼罩着一切。那里生活着世界上长相最怪异的生物。就拿吸血鬼鱿鱼（vampire squid）来说吧，它是一种小型的水母，身体里是黏糊糊的胶状物，长着八条触须，表皮呈厚厚的带状。它的眼睛出奇地大，也许是所有生物中眼睛占身体比例最大的生物了。还有水滴鱼，它生活在 1200 多米的海下，主要分布于澳大利亚和新西兰的深海中。而水滴鱼的长相……好吧，看上去就是一大摊不知道是什么的鬼东西。

詹姆斯 · 威特

① 潮间带：是指大潮期的最高潮位和大潮期的最低潮位间的海岸，也就是海水涨至最高时所淹没的地方至潮水退到最低时露出水面的范围。

巨型管虫之所以呈红色是因为其体内含有高水平的血红

巨型管虫

海洋深处的“红花”……

在 20 世纪 70 年代晚期，人类发现了深海热泉。也就是在那个时候，人类才发现了巨型管虫。深海热泉含有丰富的化学物质和毒素，温度非常高，对大多数物种都是致命的。而巨型管虫就生活在深海热泉附近。这是因为它体内的细菌能够把热泉中的化学物质转化为有机分子，为管虫提供食物。巨型管虫能长到 8 英尺长，它没有嘴巴也没有消化道。所以巨型管虫要跟细菌在一起生活。它鲜艳的红色是因为其中的血红蛋白（haemoglobin）和血液。它靠血红蛋白和血液来传输营养。

从人类的审美观来看，它们也许没有资格参加选美大赛。但是它们的每一条触手、每一个圆鼓鼓的肚子都是为了适应深海的环境而进化的。在我们探索深海动物如何适应深海的环境（比如压力、温度、食物）之前，我们先了解一下海洋和其中的生命在地质学上是如何划分的。

浮游区域（pelagic）和海底区域（benthic）

海洋分为两大区域：浮游区域和海底区域。浮游区域指的是阳光能直接照射的水域，能够游水或浮水的浮游生物在那里生活。浮游区域又按照深度进一步细分为：光合作用带，指的是 200 米以内的海域，那里能够进行光合作用；中层带，指水下 200 米 -1,000 米的海域，阳光逐渐变弱，不足以进行光合作用；半深海带，指水下 1,000~4,000 米的海域；深渊带，指水下 4,000~6,000 米的海域；还有超深渊带，指水下 6,000~11,000 米的海域，比如最深的海沟。阳光完全照不到最后的三个区域。

海底区域指的是底部的沉积物以及地表上方的一层海水。这里的生物与海底的关系非常密切。微生物要么就紧贴着海底游，永久地贴在海底，要么就干脆在海底挖个洞住。跟浮游区域的划分很相似，海底区域也细分为：潮下带（subtidal）往下大约 200 米；次深海区（bathyal），一直到海底以下 4000 米；深渊区（abyssal），海底以下 4000~6000 米；超深渊区（hadal），海底以下 6000~11000 米的地方。

为什么要了解这些呢？因为了解了每一层的生物如何适应各层的环境，我们就能了解地球和生命。了解了这些我们也能知道微生物如何面对不同环境下的挑战。

海下 2500 米的压力相当于一头大象站在你的大脚指头上。

海洋中的照明

生物发光是指活的生物体发出光亮。这在1000米以下的海域里非常常见。其原因有很多……

头灯

某些鱼进化出了面向前方的发光器官——内腔照明器。它们就像是水下的火炬一样。灯笼鱼就是个例子，它能发出微弱的蓝光、绿光或黄光。它腹部的发光斑点也能够发出亮光。

求偶

灯笼鱼对于异性有不同的求偶方法。雌性吸引雄性和雄性吸引雌性的方法完全不同。这种求偶方式在蠕虫和甲壳类动物中都很常见。在深海中，觅得伴侣来繁衍后代可是个难事，所以这种方式还是非常有效的。

吸引猎物

图片里的是龙鱼（dragonfish），很多动物跟它一样会用光亮来吸引猎物。比如说，小小的浮游生物就会被这种生物性发光吸引到十字蛸属章鱼（Stauroteuthis octopus）的嘴里。更加出名的是深海中的琵琶鱼，它能用会发光的饵状物吸引猎物。

消失

生物性发光还能够作为“反发光”（counterillumination）过程中的伪装。在海洋中层区，某些鱼肚子上的内腔照明器能够释放出蓝光。通过与从上面照下来的阳光相结合，它们就能在捕食者的眼皮子底下销声匿迹。

攻击进攻者

一些动物利用生物性发光来吓倒猎物。比如说，某些鱿鱼会释放出亮光让猎物无法移动。相反地，一些海洋生物会用它作为进攻武器，把进攻者照亮，吸引更大的捕食者把想吃它的家伙干掉。

应对高压

如果你在海面，你所承受的是一个大气压。换句话说，就是你的肺部承受的压力和你的周围的空气压力是一样的。一个大气压的数值是每平方厘米 1.033 千克。在海洋里，每下沉 10 米，你所承受的压力就增加一个大气压。比如说，当你潜到海下 2500 米时，你就会承受 250 个大气压。这相当于一头大象站在你的大脚指头上。那么问题就来了：生物们如何应对如此大的压力呢？

一些生物利用一种叫“帕依佐里提斯”（piezolytes）的小分子来抗压。这种小分子可有效防止大分子因压力而变形，但我们到现在还不清楚其中的原理。

氧化三甲胺（trimethylamine oxide）就是一种这样的小分子。这种小分子散发着一种类似鱼腥味的臭味。人们是在浅海的海洋生物中发现的氧化三甲胺，比如虾里面就有。随着深度和压力的增大，这种物质在鱼身上的量也在增大。比如长尾鳕科鱼（grenadier），它生活在水下 4000~6000 米的海域，真的是非常臭！

一般来说，为了应对不断增大的压力，很多鱼的长度都不会超过 25 厘米。研究者们还发现在海里住得越深，海洋生物身体里的凝胶状物质就越多，还记得水滴鱼吧！而且它们的骨架占身体的比例也会越来越小。所有的在压力下会凹进去的腔，比如鱼鳔，都会进化掉。

寒冷的环境

越往海底，不仅仅是压力会变大，温度也会发生变化。微生物们还得克服温度的障碍。比如在热带地区，我们游泳的海水一般都是 20 摄氏度以上。但是海下就不是这回事了。但深海热泉除外，它喷出的热泉能达到将近 500 摄氏度，而周围的海水维持在 -1~4 摄氏度。海水中的盐分使得深海的海水极少结冰。海水的凝固点是零下 1.8 摄氏度。就算海水结冰了，也会浮出海面。

深海生物的防寒方法有很多种。首先，严寒会减缓它们新陈代谢的速度，所以它们移动得很慢。有一些生物体内含有适应性的酶，这种酶可以帮它们在艰苦的环境下生存下来。很多生物的细胞壁上有大量的不饱和脂肪，这能保护细胞膜在寒冷的深海里仍具有流动性。

詹姆斯·卡梅隆 (James Cameron) 的深海探险

加拿大导演詹姆斯·卡梅隆曾导演过《泰坦尼克号》《终结者》等好莱坞大片。在 2012 年 3 月 26 日，他潜到了挑战者深渊，这是马里亚纳海沟的最深处，是一个新月状的海沟，位于西太平洋，在关岛附近的马里亚纳岛的东部。卡梅隆挤进他的“深海挑战者号”潜水器，潜入将近 7 英里深的海底。他也因此成为独立潜入 7 千米海下的第一人。

五种海洋生物的生活方式

下面几种住在深海里的动物脱颖而出

01. 胆星鱼（Stargazer）

胆星鱼把自己埋在沙子里，等猎物一来就扑出去。作为辅助装备，它还有个大嘴巴和大脑袋。有些品种的胆星鱼的嘴上长着个虫子状的诱饵，这诱饵左右摇晃着，吸引着猎物成为它的下一顿午餐。它们的体型从 18 厘米到 90 厘米不等。

02. 琵琶鱼（Anglerfish）

世界上有 200 多种琵琶鱼，它们大多生活在大西洋和南大洋黑暗的深海里。它的头部超级大，有无数月牙形的嘴巴，嘴里有透明的尖牙。某些琵琶鱼能长到一米长，但是大部分都不足一英尺。

03. 大王具足虫（Giant Isopod）

在 550 英尺到 7020 英尺深的海水里都有大王具足虫的身影。一般来说，它们在 7.5 英寸到 14.2 英寸之间，但是记载中最长的大王具足虫达到 2.5 英尺长。尽管它们身材挺大，但是它们进化出了可以很长时间不吃饭这种技能。日本的一只大王具足虫足足五年没吃一口饭！

04. 龙头鱼（Highfin Lizardfish）

它还有个别名，叫作尖吻深海蜥鱼（bathysaurus mollis）。它居住在 1600 米深的海底。它的脑袋是扁的，牙齿是卷曲的而且还带刺。这两样东西可以让它趴在地上就能消化掉猎物。龙头鱼一般能长到 78 厘米左右。

05. 鼠鱼（Ratfish）

鼠鱼是一种古老的鱼类，它的骨架是由软骨构成的，鼠鱼生活在世界上几乎所有的大洋里，大约在 300 米深 ~ 2000 米深的海域。它们的身体逐渐锥化为丝状的超级长的尾巴。它的牙齿类似于啮齿类动物的牙齿，可以咬碎猎物的壳。

01

02

03

04

05

尖牙鱼（fangfish）生活在 5000 米深的海下

氧气能量

像琵琶鱼这样的动物已经能够抵抗压力和低温，那它们如何搞定最基本的新陈代谢问题呢？换句话说，它们怎样产生足够的氧气呢？其实非常简单。

大多数的深海都含有足够多的氧气，这是因为相对于温暖的海水，氧气更易溶于冷水。实际上，很多海域的海水由于含氧量太多，沉降到了海底，形成了所谓的“热盐环流”（thermohaline currents）。它在全球范围内流动，滋养了很多植物和动物。但是，在大约海下 500 米至 1000 米的位置有一片“氧气无人区”。这片区域由于距离海面太远，其中的生物很难进行光合作用。而且它又离热盐环流区太远，所以其中的生物也无法得到热盐环流中的氧气。这片区域中的生物是如何在这种环境下生存下来的仍是个未解之谜。

食物

在深海中，食物非常稀缺。所以很多动物，如海葵、海绵动物和藤壶（barnacles）干脆就等着食物自己沉到海底。鲨鱼、海豚和鲸鱼的排泄物能长时间地养活数以千计的生物。

还有其他很多更有创造力的适应方法。如有些生活在海洋中层区的物种，为了适应低水平的食物供给，进化出了垂直迁徙这个方法。灯笼鱼就是个例子。它能够在黑夜的掩护下迁徙到食物充足的海表。在白天的时候，为了避免成为盘中餐，灯笼鱼又会退到大海深处。

深海的动物还有其他多种多样的适应方法，如改变身体的颜色进行伪装。有些物种因为缺乏伴侣，生育率很低，为了解决这个问题，它们能活好几百年。当然啦，汪洋大海中还有那么多未知的秘密，相信在未来我们会了解到更多生物适应环境的秘密。

詹姆斯·威特

深海中的食物非常匮乏，所以很多动物就干脆趴在海底等着食物送上门。

狮子鱼的毒液是从 18 个背鳍中释放出来的。释放毒液的目的就是为了自卫

打响保卫战

为了在危险的海洋中生存下来，海洋中的生物各显神通，以躲避捕食者的追杀。躲避的方式有的精妙无比，有的非凡离奇。

正如所有的生态系统一样，海洋中到处都是捕食者，这种现象自然而然地导致了弱势鱼类的进化。它们进化出了各种各样有趣的方式来躲避入侵者。其中一些方式非常暴力且充满戏剧性，而另一些方式则非常简单，包括伪装和躲藏。有一些鱼，比如叶子状的海飞龙（sea dragon），它们长得像岩石或海洋植物，肤色可以随意变化，形状如同叶子，这可以让它们在静止时不被发现。一些比目鱼和章鱼的颜色也完全可以随着环境而变化，它们能模仿环境的纹理，这种神奇的技能可以让它们隐藏在海底的任何角落。比目鱼还能够藏在海底，躲在石头或杂物里一动不动。

虽然只有很少的鱼能拥有上文中那样天才的技能，但是它们都有办法让自己在海水里难以被发现。在海水的柔光里，一些鱼会挡住阳光，看上去就像个影子一样，它们有太多的方法让捕食者发现不了它们。鳞屑可以反光的鱼类非常常见，这种技能让它们很难在波光粼粼的海水中被发现。

看到了吧，比目鱼的伪装能力完全能跟变色龙媲美

变透明后藏起来

很多鱼类和章鱼都是半透明的，阳光能够透过它们的身体，这让它们很难被发现。很多鱼背部的颜色和腹部的颜色不同。一般来说，背部的颜色暗一些，而腹部的颜色浅一些。所以如果从上往下看，它们的背部就能和幽暗的海底混为一片，但如果从上看，它们的腹部就能和透过海水的阳光混为一片。即使是生活在深海中的鱼类也利用了这一技能。除了简单地让腹部颜色浅一些之外，它们还有生物性发光的器官来模仿从海面上照射下来的阳光，这样就能够模糊自己的身形进行伪装。

一些鱼类的防卫方式没有那么被动，最刺激的方式之一就是电击！最著名的放电鱼是电鳗（electric eel），它可以释放出600伏特的电流。但是电鳗只能生活在淡水中。人们是在南美洲的河流中发现的电鳗，亚马孙河里就有电鳗。但是大海里也有能够进行生物放电的鱼类。很多的鳐形目鱼（ray）都有硕大的放电器官，能释放出200伏特的电流，完全能够电晕比它们大的鱼类。某些胆星鱼（stargazer）和鲇鱼（catfish）也能够放电。

用触须上的刺扎别人……

还有一种动物会让捕食者痛苦不堪，它就是水母。水母的触角中充满了刺细胞 。这是一种微小的有刺的结构，当触角遭受压力时，这些刺细胞就会向未知的捕食者释放毒液。不同的水母释放的刺是不一样的，但大部分的刺细胞里都有毒液。有一些对人体几乎没有影响，但是有一些却是致命的。水母属于海葵(anemones)类，海葵尽管长得像植物，但其实是动物。海葵也有同样的刺细胞，因此海葵十分危险。

头足类动物（cephalopods）拥有着海洋里最著名也最奇特的防卫方式之一。头足类动物包括鱿鱼、章鱼和墨鱼。它们都能够喷出墨汁。这是一种非常聪明且有效的逃跑方式。加上头足类动物能够喷出水流，更有利于它们迅速逃跑。墨囊和虹吸管直接相连，虹吸管是推动鱿鱼或章鱼前进的器官。当墨汁是和水流一起被喷出时，这不仅能更有效地散发出墨汁，制造混乱，还能起到助力的作用，帮助鱿鱼或章鱼从危险地带逃跑，在逃跑时占领先机。

比目鱼：伪装之王

这些神奇的小鱼趴在哪就能模仿哪，是怎么做到的呢？

比目鱼能伪装在海底，它的这个本事无人能敌。它们不仅能把自己埋在一层沙子里，只露出眼睛，还能积极地变换身上的颜色，与周围的环境融为一体，这技能简直是惊人！只需要短短几秒钟，比目鱼就能让身体的外部变化出复杂的纹理，甚至是沙子那种精妙的纹理它都模仿得出。令人惊讶的是，比目鱼甚至能伪装成棋盘，完全跟真的一模一样。它们之所以有这种技能，是因为体内一种叫“色素细胞”的东西，这种细胞中含有色素，比目鱼通过控制和释放色素就能改变它们的体色。比目鱼的眼睛是伪装的关键，眼睛能告诉它们如何变色。如果一只眼睛坏了，那么它的变色能力就会被严重削弱。

河豚能够把胃部膨胀起来，而且胃里的毒液也是非常吓人的。

这就是河豚，它膨胀着身体，想吓跑捕食者

章鱼的多种防御技能

很少有海洋生物能像章鱼那样把自己全副武装。

喷墨

就像鱿鱼和墨鱼一样，章鱼也能够释放墨汁云来掩护自己逃跑，有时候仅仅是为了分散敌人的注意力。据说墨汁能妨碍一些生物比如鲨鱼的嗅觉，让它们闻不到章鱼。墨汁还能够遮挡捕食者的视线，让它们看不到章鱼。

伪装

跟比目鱼一样，章鱼也有变色细胞，能让它们躲在海底。某些品种的章鱼甚至能通过皮肤上的肌肉改变皮肤的纹理，让自己看上去就像块崎岖的岩石。它们的变色技能还有警报的作用。如带有蓝色环状纹的章鱼在有危险时会变成黄色。

断臂求生

就像某些蜥蜴断尾逃生一样，章鱼也能够自断触手。断下的触手还能够继续活动，随着环境的变化而做出反应，就像是个完整的章鱼一样，这就能误导捕食者，让它们以为自己抓到了完整的章鱼。

喷墨逃跑

除了这两项，墨汁还有其他的防卫功能。含有高浓度黏液的少量墨汁被喷出后不是散开，而是会更加凝聚，颜色也会变暗。头足类动物会观察入侵者，释放出很多这样的墨汁，反过来攻击它们，让入侵者落入圈套。这样一来，头足类动物可以不用墨汁云的掩护就能逃之夭夭。

当不能逃跑时，有些鱼就会给捕食者制造数不清的麻烦，让它们无从下口。河豚最出名的就是它的膨胀能力。河豚的胃部能够收缩自如，它可以往胃部灌满空气。但是河豚也是有毒的。捕食者没有被河豚变大的体型吓跑，也没有被河豚体型变大后凸出的体刺吓跑，某些河豚的器官里高度危险的神经毒素也能够保护它们。某些大型的捕食者也许能消化得了河豚的毒素，但是河豚的毒素足以使人类毙命。

相似的是，黄貂鱼（stingrays）的尾巴上也长有巨大的极其尖锐的倒刺，这种倒刺可以释放出强效的毒液。其他很多的鱼类都长有有毒的倒刺或体刺，以此来对抗攻击，包括世界上最毒的鱼——礁石鱼（reef stonefish）。它的背鳍布满了体刺，这些体刺可以刺穿鞋底，而且它的毒液完全能够麻痹甚至杀死所有的接触者，包括人类。

很多鱼都有电感受器，鳐形目鱼是其中之一。

模仿

具备模仿技能的章鱼能够隐藏在海底。它只伸出一只触手，通过变色，让触手变得就像条有毒的海蛇一样。它还能够通过变色，打开触手，模仿成带刺有毒的狮子鱼。“狮子鱼”可不是好惹的，捕食者自然会知难而退。

水下的“国家电网”

一些鱼类如鳐形目鱼，能够释放出足够强的电流来警告可能的捕食者，告诉捕食者它们可不是好惹的。这些鱼的身上还有极度复杂的电感受器。这样的器官能感受电场，让它们即使在最深的海底也能识别其他的生物，而且在它们视力受损时也能帮上忙。一些鱼类甚至能够通过调整自己的电场达到沟通的目的。

而且它的毒刺也很厉害，所以小心脚下吧！

小丑没有眼泪

小丑鱼不能保护自己，但海葵是它们的保镖。

海葵虽然长得像植物，但其实是一种捕食性动物，它们可以用毒液发起攻击、保护自己。既然这么危险，那为什么会有鱼类接近海葵呢？比如，小丑鱼就喜欢跟海葵住在一起。小丑鱼能在海葵带刺的触手间开心地存活，它们能在其中安家，跟海葵一起生活，与海葵形成一种共生关系。

小丑鱼藏在海葵密密麻麻的危险触手间，以此来躲避捕食者，而且捕食者也碰不到它的住所。作为报答，小丑鱼也能帮海葵吸引猎物。据说，小丑鱼丰富的颜色能吸引其他鱼类进入海葵中，然后海葵就能美餐一顿了。小丑鱼也能吃到些残羹剩饭，海葵死去的触手也是小丑鱼的盘中餐。人们认为小丑鱼和海葵在有利的环境中都能表现得很活跃。如在空气充足的地方，海葵能够更好地生长，而小丑鱼的排泄物也能为海葵提供营养。

为什么小丑鱼适合在海葵中生存而别的鱼不能？其实也有其他鱼生活在海葵里，但数量极少。据说是因为小丑鱼表皮上的一层黏液能保护它不被海葵刺伤。在有些情况下，小丑鱼似乎天生就能保护自己不被刺伤。而另一些情况下，小丑鱼不断地跟海葵摩擦，直到它的表皮能适应海葵，保护自己不被刺伤。而且摩擦时间久了就可以让海葵误以为小丑鱼就是自己的一部分。

虽然小丑鱼和海葵不需要彼此也能生存，但是它们天生就是一对。小丑鱼非常可爱但是毫无战斗力，跟这位危险并且有毒的保镖生活在一起能让它活得更久，还能保护它不被捕食者吃掉。

鲶鱼是另一种利用电流保护自己的海洋动物

"鱼多势众"

有些小鱼可以用上文那一招来抵抗捕食者，但有时候那招也没用。事实上，很多小鱼靠着数量的优势，成群结队地出行，以此来躲避捕食者。

鱼儿成群结队地游走有两大好处。第一就是跟着大家一块走会降低被吃掉的可能性。比起自己走，跟着大家一起走容易分散捕食者的注意力。第二点还是有点谋略的。小鱼们紧紧地靠在一起游，就像是一条大鱼一样，会给捕食者造成错觉，认为这条“大鱼”不好惹。

除了上述那么多好玩的防卫招数，一些鱼采用的是最简单的招数——跑！一些生活在礁石里的鱼可谓是运动高手，它们的爆发力极强，游得非常快，而且超级灵活。这种技能能让鱼儿们在复杂的礁石里穿梭自如，由于鱼类的体型较小，它们就能够穿过礁石间狭小的缝隙。身体较窄的鱼类，如神仙鱼也能够迅速地冲进礁石的狭窄空间里躲藏起来。

最后，某些鱼在面对捕食者时不仅会在水里逃跑，甚至还能飞到天上去。飞鱼能够冲出水面三米多高，然后利用特殊的适应性器官，比如变大的腹鳍在空中滑行。飞鱼最多可以滑行 100 米才落到水里，这个过程足以让追捕者目瞪口呆。

马修 · 博尔顿
(Matthew Bolton)
科学作家
马修是一位经验丰富的科技记者，主要在英国西南部活动。

飞鱼的最高纪录是在空中飞行 45 秒

盲鳗：涂泥逃生

作为唯一的有头骨但没脊椎的动物，盲鳗更出名的还是它的“淤泥”。

盲鳗，也叫黏鳗，它的防卫方式既独特又有趣，但又有点恶心。在遭受攻击时，它可以从体内释放出一种黏液，通过跟海水融合，很快就能形成一堆凝胶状的烂泥。而且烂泥的量很多，能够达到 20 升。这种快速见效的技能可以让这种又长又瘦的鱼免受捕食者的伤害。据说，这种黏液还能够损害捕食者腮部的功能，堵住它们的腮部，让它们无法呼吸。盲鳗能够自己清理身上的淤泥。它会把身体缠在一起，通过前后摩擦蹭掉泥浆。一旦被捕食者抓住了，这样做还能够帮助盲鳗逃脱。所以，盲鳗不会被自己释放的泥浆干扰到。这种防卫方式也许没那么高尚，但的确非常有效。盲鳗的捕食者大多是鸟类和哺乳类动物，而不是海洋生物。

飞鱼能够飞到海面之上 3 米高的位置，最多能在空中飞 100 米。

盲鳗的外形是鳗鱼状的。当遭遇捕食者时，它能喷出一篮子的淤泥。

世界上最快的鱼！

虽然虎鲸在海洋里非常威风，但是当又尖又长的旗鱼全力冲刺时，它才是天下无敌。

旗鱼跃出水面时，速度能达到惊人的每小时 68 英里。毫无疑问，它是大海中的速度之王。旗鱼生活在全世界各大洋的温暖海域，它最出名的就是覆盖背部的像帆一样的背鳍。旗鱼的背鳍在游动时一般是闭合的，但当它受到惊吓或是兴奋时，它的背鳍就会打开。这让它看上去比实际的体型要大得多，也许这样做能够威慑捕食者。

在生物学上，旗鱼属于长嘴鱼（billfish），长嘴鱼还包括剑鱼（swordfish）、枪鱼（marfin）和矛鱼（spearfish）。旗鱼是天生的捕食者，主要以小鱼和鱿鱼为生。它长长的嘴巴凸向前方，就像是宝剑一样。旗鱼在捕食时就很威风。但是它并不可以去刺杀小的猎物，而是猛力冲击鱼群，用“宝剑”刺杀，回去了才会想想今天要吃哪条鱼。

其他的长嘴鱼速度也很快。剑鱼和枪鱼在海洋速度榜上分列第二、第三。令人惊讶的是，旗鱼的速度完全能够跟最快的陆上动物猎豹（cheetah）相匹敌。要知道海水的密度是空气的 750 倍，这让旗鱼的成就显得更加令人瞩目。

长嘴鱼这个族群为什么会成为游得最快的生物？这个问题直到今天对科学家来说还是个谜。因为这种鱼似乎没有迅速加速和保持如此高速的肌肉。海豚也能够迅速加速，但它没有肌肉，所以这两类生物都在困扰着科学家们。1936 年，英国动物学家詹姆斯·格雷（James Gray）提出了格雷悖论（Gray's Paradox）。他预测了海豚能够产生的最大力量，并发现这种力量不足以抵消海水的阻力。他提出一个猜想：海豚的皮肤一定有某种减小阻力的能力，只是人类还没有发现。

直到 2014 年，来自美国西北大学（Northwestern University）的一群理论力学工程师发现格雷悖论完全不符合事实，是错误的。因为这个悖论是基于完全错误的假设。阻力永远不可能比肌肉运动所需要的力量大。事实上，旗鱼能游得那么快是因为它体下形成了“能量梯级（energy cascade）”，旗鱼通过摆动它的身体产生了能量梯级，这有助于它迅速加速。

不管旗鱼是怎样达到如此惊人的加速能力和最快的速度，只要记住一件事就行了，千万别靠近它！人们在旗鱼的肚子里发现过它的很多天敌，如大白鲨和灰鲭鲨，甚至一些渔民也曾葬身鱼腹！

格拉哈姆·巴罗
（Graham Barlow）
科学作家
格拉哈姆当记者已经有 20 年了。他为《科学揭秘》（*Science Undiscovered*）、《生活黑客》（*LifeHacker*）、《科学无线电》（*TechRador*）等出版物撰写了很多文章。

旗鱼能够迅速变色，当捕食猎物时，它常会发出浅蓝色的光，光中还带有黄色的条纹，这样可以迷惑猎物。

蓝鲸有三个亚种：

科学掠影

地球海洋中的摄人心魄的画面

蓝鲸

这是一种如此庞大的动物，甚至远古时期地球上的庞然大物——恐龙，在它面前也是个侏儒。

这是人类记载的最庞大的生物，它居然有 30 米长、200 吨重。蓝鲸是动物王国中留存不多的庞然大物之一。直到 20 世纪初期，这种庞大的海洋哺乳动物数量众多，几乎在世界上的每片海洋都存在它们的身影，尤其是南极洲（Antarctica）。那时候世界上大约有 20 万到 30 万的蓝鲸，但是 60 年来密集的不加节制的捕鲸活动几乎让蓝鲸消失殆尽。多亏了新保护法，现存的一万两千头蓝鲸的数量正在慢慢壮大，这种温和的庞然大物才不至于只存在于历史书上。

侏儒蓝鲸（24米），北半球蓝鲸（27米）以及南冰洋蓝鲸（29米）。

蓝鲸更喜欢在冷水里生活，所以一到夏天它们就迁徙到极点。这场迁徙一定让它们感到很饿，因为它们一天就得吃6.6吨的磷虾！

多亏了新保护法，现存的一万两千头蓝鲸的数量正在慢慢壮大。

海底总动员

海洋里还藏着多少未知的生物正等着我们去发现？

“最好的科学都是常识”，英国生物学家托马斯·赫胥黎（Thomas Huxley）在 1880 年写道。这句话尤其适用于广阔的海洋和其中的生物。毕竟，地球上 71% 的地方都被海水覆盖着，其中大部分水域是我们没有探索过的。所以说常识告诉我们肯定有大量的生物等待着我们去探索。

事实上，最新的研究发现，虽然我们每年都会发现大约 1500 种新生物，但海洋中的绝大多数生物仍不为人类所知。

“我们认为海洋里还有 50 万 ~75 万种物种等我们去发现，”《世界海洋物种名录》（the World Register of Marine Species）的副主席简·米斯（Jan Mees）说道。《世界海洋物种名录》的英文缩写是 WoRMs，它旨在详细介绍所有已知的海洋物种。（更多介绍请看第 75 页的“物种注册”）

“我们不断探索新物种的原因很简单，就是因为海洋很大。我们正在探索广阔的海洋并从中取样，”米斯接着说，“海洋中还有很多我们从没有见过的地方。另一个问题就是很多海洋物种非常稀有而且很难找到和取样。同时还有‘神秘的多样性’这个问题：某些物种不能通过它们的形态来辨别，一旦我们用新基因技术去识别时，就会发现其实它是由很多不同的物种构成的。所以，即使是在已被探索了很久的海域，我们仍然会发现新物种。”

我们每年大约会发现 1500 种新物种。预计还有 50 万 ~75 万未知的水生物种等待我们去探索……

加利福尼亚科学研究院在菲律宾科考项目中发现的色彩缤纷的背囊动物

发现座头鲸（humpback）

在 2014 年共有 1451 种新物种被加入《世界海洋物种名录》。这其中就包括澳大利亚北部的座头鲸和纳米比亚（Namibia）海域的皱鳃鲨（the Chlamydoselachus Africana）。座头鲸是一种腼腆的中型鲸鱼（cetacean）。而皱鳃鲨是一种带有褶边的鲨鱼。

大部分新物种的体积都很小。如微小的阿雷奥索弗拉·罗哈那（Areospora rohanae），该寄生虫是一种新物种，是由智利的渔业工人最早发现的。它能侵入帝王蟹，致其损伤。分类学者以他女儿的名字罗哈那（Rohana）来命名这个小虫子。而与此同时，生物学家在波多黎各海下 70 米深的珊瑚礁中发现了新物种：丽塔瑞奇尼·洛佩兹（Litarachna lopezae）。这种小虫子的名字是为了向波多黎各的歌唱家珍妮弗·洛佩斯（Jenifer Lopez）致敬。据说是因为生物学家们在出海探险的路上很享受她的歌声。另外一种新型的巨型水母辛基嘉·吉加斯（Keesingia gigas）也被纳入了《世界海洋物种名录》，这个名字是为了致敬生物学家约翰·基辛（John Keesing）。它长得很不寻常，没有任何触手。而且能够引发依鲁坎综合征（Irukandji syndrome）。这种病能使人心力衰竭。澳大利亚水母大概有人的手臂那么长，它得名的原因是其他的伊鲁坎（Irukandji）水母只有人的指尖那么大。

而最近米斯的最爱是一种叫糠虾或糖虾的生物。“它的名字，”他介绍说，“是为了致敬潜水家吉多（Guido Zsilavicz），他最早看见了糖虾，最先把它带到海面，并送入太空进行进一步的研究。他是一位真正的民间科学家！”南非虾的名字也是为了表现出它眼睛的多彩纹路，这种纹路使它看上去老是在朝天上看。

大部分的发现

《世界海洋物种名录》的记录并不是完整的，它只记录了长期以来被人类了解、分析和描述过的物种。特里·高斯林（Terry Gosliner）致力于煤层截面（coalface）的探索。他是加利福尼亚科学研究院（the California Academy of Sciences）无脊椎动物领域的高级研究员。他还是该研究院 2015 年菲律宾科考项目的负责人。在科考期间，他们收集了 100 多种新物种，如海参属（Halgerda

观星糖虾是一种南非虾，由民间科学家吉多（Guido Zsilavecz）发现。

新的植物和水生动物在不断地被发现

物种注册

分类学家是怎样编制出海洋生命的“总清单”的?

《世界海洋物种名录》及其同人旨在提供一份权威性的海洋生物清单，它们在 2008 年正式开始工作。这个机构最初是由欧盟赞助，由弗兰德斯海洋研究所（the Flanders Marine Institute）主办的。现在的在线清单（网址为 www.marinespecies.org）上已经囊括了 23 万种物种。

“我们需要这个工具来推动生态学的研究，”《世界海洋物种名录》的副主席简・米斯（Jan Mees）博士解释说，“我们现在有一个全球专家团，由 200 位分类学编辑、专业的生物学家组成。这些专家都各有专长，致力于研究某些动物或植物。在建立的头十年，专家们已经添加了很多的历史资料，现在已经基本完成这一工作。我们认为曾被描述过的 95% 的物种都已经被添加到了这个名录中。”

我们整合了世界的数据库，并不断地往里增加新的资料。《世界海洋物种名录》的编辑们共收录了 42.4 万种物种，但是其中 45% 的都只是重复登记。在 2014 年，共有 1451 种科学新发现的物种被加入“总清单”中，这相当于每天增加 4 种以上的物种。

混淆之王：编辑们发现这种大概叫“玉黍螺”（periwinkle）的海螺总共被登记了 113 次，而且每次登记的名字都不一样。

genus）的白色裸鳃亚目软体动物（nudibranch）。在海下 50 米到 150 米的“过渡区”，他们发现了种类丰富的中植代珊瑚礁，上面栖息了很多动物，它们都生活在一片黑暗之中。“复杂的换气器[1]、精密的计算机以及机动水下踏板车都是海洋探索的必备品，”高斯林博士说道。

“我们发现的最重要的事情之一，”他补充道，“就是很多在过渡区被发现的物种都在浅水区有近亲。过渡区曾被不同的物种占领了很多次。这和 1000 米以下的深海的情形完全不同，那里几乎所有的物种都没有浅水区的近亲。”

“这些发现对海洋的物种保护以及我们自身的繁衍生息都非常重要。我们只有了解了海洋中有什么物种，它们是如何分布的以及它们之间有何种联系，我们才能知道怎样有效地保护它们。”

但是海水中还有需要我们去探索的东西吗？“当然有，而且有很多，”高斯林博士回答说，“我们对我们星球的生物多样性知之甚少。我们估计，科学家只探索和记录了不到 10% 的地球生物。”

安德鲁·韦斯特布鲁克
（Andrew Westbrook）
科学作家
安德鲁是一位经验丰富的新闻工作者，他主要在英格兰西南部工作。他的履历十分丰富，曾为世界上的很多科学书籍写作。

① 换气器：由气体供给器和面罩组成的封闭环路式供氧系统。

濒危动物

虽然每天都有新物种被发现，但有数以千计的已知物种正面临着灭绝的危险。下面是一些很不幸的物种，它们已经被列入国际自然保护联盟（International Union for the Conservation of Nature）的《濒危物种红皮书》。

玳瑁龟
（hawksbill turtle）

玳瑁龟是一种极度濒危的生物，在短短三代的时间里锐减了 80%。这都是因为它有着独特图案的龟壳。为了得到这些龟壳，人们在过去的一个世纪里杀害了数以百万计的玳瑁龟。而现在这种交易在美洲和亚洲仍然存在。

小头鼠海豚
（vaquita）

这种濒危海豚只在 1958 年被发现过，现在这种海豚的数量已经不足 250 只了。人们只在加利福尼亚湾（the Gulf of California）发现过这种海豚。它有 1.5 米长，西班牙人把它叫作“小奶牛”，这是世界上最小的鲸类动物。它的数量锐减是因为人们使用刺网进行非法捕捞。

蓝鲸
（blue whale）

蓝鲸的重量达 200 吨，心脏跟一辆汽车那么大，它是地球上最大的动物。但是它也是濒危动物，数量只有 1 万 ~2.5 万只。在国际捕鲸委员会（the International Whaling Commission）开始保护蓝鲸之前，猎人们已经猎杀了大约 36 万只蓝鲸。

大白鲨
（great white shark）

虽然它得到了极高的关注，但是人们对大白鲨知之甚少。有人猜测大白鲨的数量在锐减。1996 年它被列入濒危动物名单。人类是大白鲨最大的威胁。人类的捕杀、狂热的媒体宣传和珍品贸易都对大白鲨造成了威胁。

澳大利亚的座头鲸是在 2014 年才被发现并命名的

夏威夷僧海豹

（Hawaiian monk seal）

虽然它得益于保护项目，但是作为夏威夷唯一的地方性海豹，僧海豹仍然面临濒危的处境。现在它们的数量大约只有 1200 只。僧海豹的威胁主要包括海洋地质环境变化导致的食物供给问题以及第二次世界大战基地造成的化学污染物问题。

蓝鳍金枪鱼

（bluefin tuna）

也许它游得很快，而且身体能长到 2.5 米长，但是它还是很不幸，因为是一种太受欢迎的食物。蓝鳍金枪鱼的三大种类，包括生活在南半球、大西洋以及太平洋的金枪鱼都受到了威胁，尤其是南部的金枪鱼。自 20 世纪 70 年代以来，那里的金枪鱼产卵族群的生物量已经下降了 85%。

曲纹唇鱼

（Humphead wrasse）

它是少数几种列入保护名录的岩礁鱼类之一。它隆起的头部能长到 2 米长。30 年来，曲纹唇鱼的数量减半，所以它被列入了保护名录。有利可图的活鱼贸易导致了它的数量锐减。它隆起的头部是最受人们追捧的商品。

棱皮龟

（leatherback turtle）

这是最大的海龟，重量达 650 千克。它曾面临严峻的灭绝危险，后来人们对它的保护可以说是非常成功的案例。雌性棱皮龟的数量在三代内锐减了 40%，但是研究者们认为它的数量会在 2030 年之前再次回升。

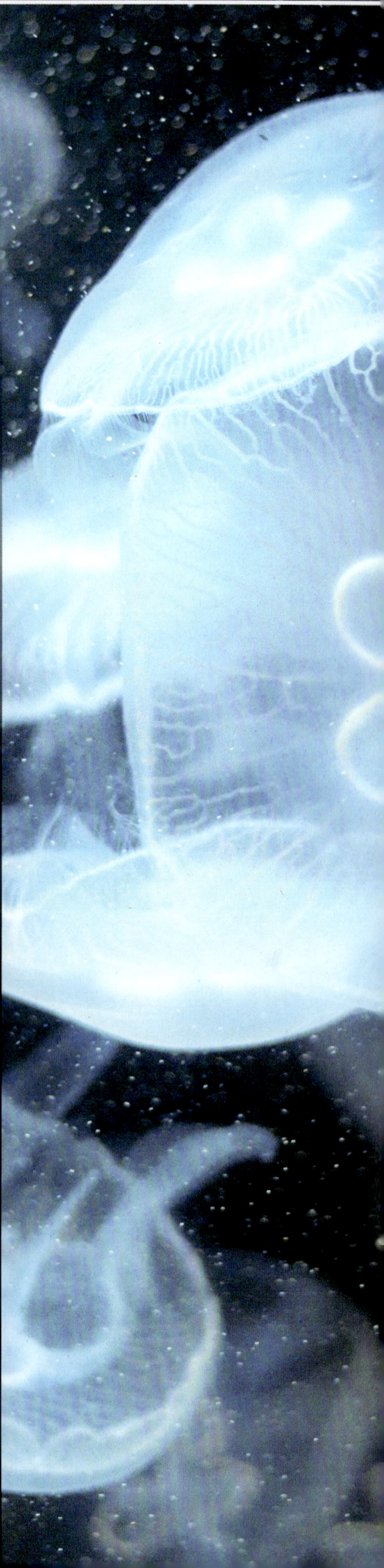

古老的海洋生物——水母

水母没有大脑，没有心脏，也没有血液，但却已经存在了 6.5 亿年！

水母是长得最像外星人的生物之一，在世界的每个大洋中都能找到它们的踪迹。人类已知的水母有 3500 种，它们形态万千、大小各异。但是它们只是“刺细胞动物（Cnidaria）”的一部分。世界上的刺细胞生物多达一万种，在生物分类学上被称作“刺细胞动物门”。

刺细胞动物最突出的特征就是“刺细胞”，这是一种特殊的细胞，主要功能为捕获食物。它们的身体由无生命的胶状物构成，主要有两种形态：可以游动的钟状体水母和固定在海底的息肉。在这两个阶段，水母的外形、习性完全不同。但是在这两个阶段，水母都有一个独立的孔口和体腔，既可以消化食物又可以呼吸。

“刺细胞动物门（包括珊瑚虫、海葵、水母）非常独特，这是因为它是动物王国中继海绵动物（sponges）和栉水母门动物（ctenophores）之后最古老的真正的动物，”太平洋刺细胞动物研究实验室（the Pacific Cnidaria Research Lab）的主任安杰尔 · 柳原（Angel Yanagihara）介绍道，“所有的刺细胞动物都有刺丝囊和强效的毒液。刺丝囊非常小，囊里面是缠绕的管子。”

水母在英语中被称作“jellyfish”，这完全是大错特错，因为“fish”的含义是鱼，而水母压根儿不是鱼。所有的鱼都是脊椎动物（vertebrates），水母并不是脊椎动物。这就是为什么很多人在英语里把水母叫作“jellies”或“sea jellies”。水母包括真水母纲（Scyphozoa），这个词来自于希腊词 skyphos，指的是酒杯（之所以这么叫是用来描述水母像钟一样的外表，钟和酒杯的形状是相似的）。水母钟一样的外表最为人们熟知。世界上的所有海洋里都有水母。这些水母的颜色、大小、特征各不相同。请看右侧的图片，这些都是些非常怪异的水母。

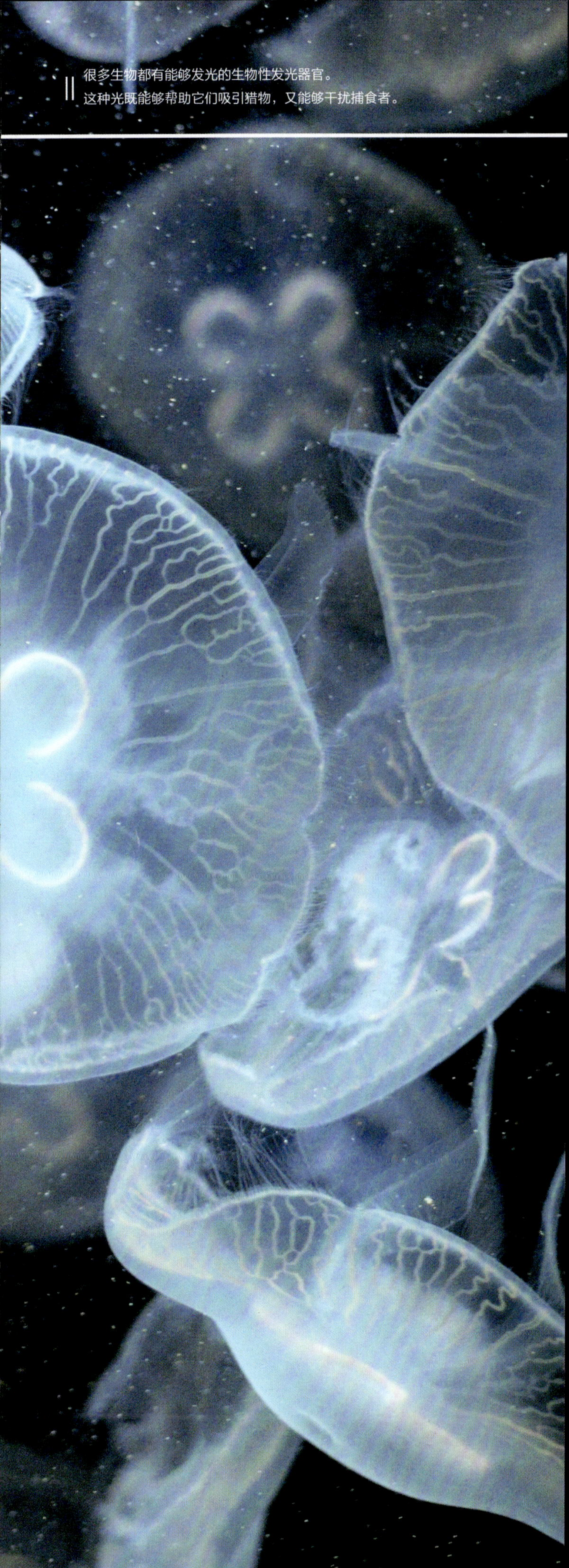

很多生物都有能够发光的生物性发光器官。这种光既能够帮助它们吸引猎物，又能够干扰捕食者。

海洋中最怪异的水母

怪异、漂亮、独特——不管你怎么描述它们，水母都当之无愧。

花帽水母

这种水母看上去就像是戴着航天头盔的脑袋，周边还有花环装饰，这种水母居住在日本海岸附近，直径只有15厘米。通过触手，花帽水母可以抓到大多数的小鱼，然后大快朵颐。

十字水母

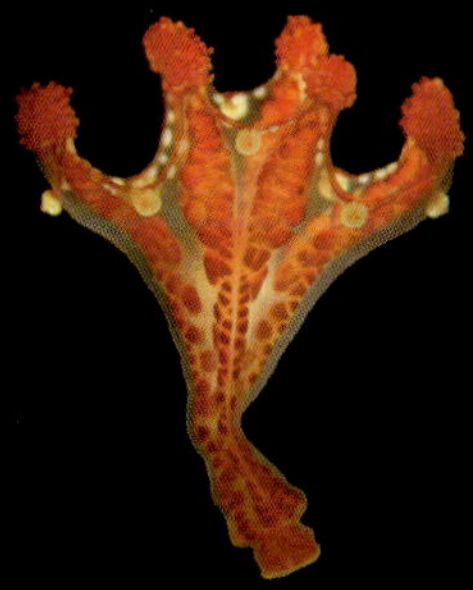

十字水母利用底部的一根吸管将自己吸附到某种海洋植物上，比如鳗草、海藻，还能吸附到礁石或海底上。它们一般有八条触手，上面有无数的触须可以帮助它捕食。

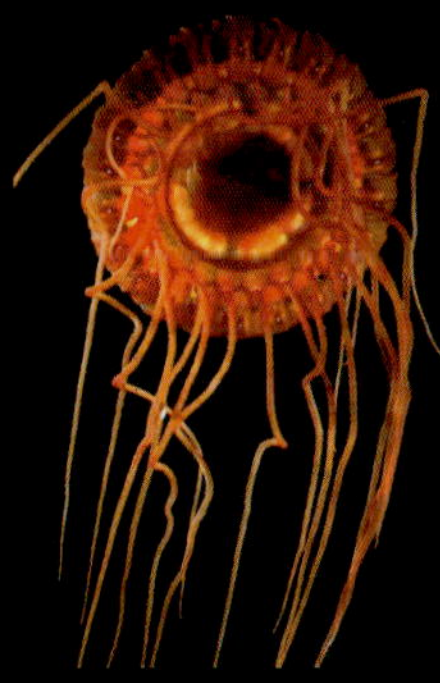

警报水母

这种深海的棕色水母居住在世界的各个海洋，而且能够产生生物性发光。当受到攻击时，它能够释放出一道道亮光吸引其他的捕食者，让它们把之前的捕食者吃掉。

煎蛋水母

这种水母在地中海水域很常见，它能长到35厘米宽，形状就像个煎蛋。跟它相像的荷包蛋水母能长到60厘米宽，它有时候也被叫作煎蛋水母或蛋黄水母。

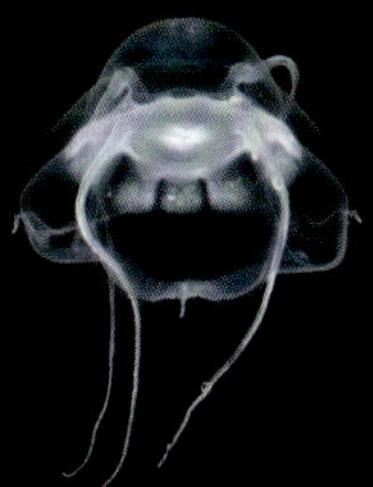

黑武士水母

也许深海是最不可能看见黑武士的威风头盔的地方，但是在2010年，这个真的实现了！黑武士水母居住在北冰洋，体型很小，只有2厘米宽。

大海的心跳

水母的钟状体在大海中运动的方式也十分独特。通过开开合合钟状体，水母就能够前进啦。这种小动物的钟状体边缘会有一圈肌肉，它们可以令钟状体收缩。一收缩就能够把储存在钟状体里的水排出去，然后水母就动起来了。

通过数学计算，科学家们认为水母是世界上最会省力的生物。2013年，马萨诸塞州（Massachusetts）的一项研究发现，水母实际上靠着“双推动系统”游动，这个系统包含了两个涡旋。第一个涡旋被称作“启动涡旋”，当它停下时，第二个涡旋就启动了。这个涡旋会朝着反方向转动，所以又被成为“停止涡旋”。当水母放松肌肉打开钟状体时，停止涡旋就会在其身下动起来，这就又能为水母提供一个次推动力。这个次推动力在水母整个的运动过程中大概起到了30%的推动作用。

尽管有这样的推动力，水母却动得特别慢，它在哪停下很大程度上是由海浪和水流决定的。所以水母能聚集起来。“虽然水母没有大脑，但是它们有神经，这就能让它们判断哪里的食物比较多，然后再慢慢地挪到食物较多的地方，”来自英国海洋生物学协会[the Marine Biological Association (UK)]的大卫·康威(David Conway)介绍说。

但是水母不单单只靠神经判断外界的刺激物。“我们对脊椎动物的‘大脑’的定义太过简单了，”柳原说，“巨型水母的视觉系统重建了地球上关于光的进化史。视觉能力以及明显的视觉驱动的行为证明巨型水母的四个眼柄也许都是单独的视觉处理器，也许它有四个大脑！”

尽管有推力，水母移动得还是很慢

水母没有大脑，但它们有神经

水母还能对食物做出快速的反应。它们能根据食物的多少放大或缩小自己的身体。如果食物很少，水母就会缩小身体，这样就吃得少了。如果食物充足，水母就会放大到原来的体型，尽情地享受美味。

不平凡的一生

水母究竟是如何长大的呢？其实水母长大的过程可谓是海洋里最吸引人的故事了。水母一般的生命周期是：雄性排出精子，雌性受精然后排出胚胎，胚胎长成“浮浪幼虫（planula larva）”，再落到海底长成息肉。

然后，息肉通过无性繁殖变成水母或者是小水母体。但是，这一生命周期因水母的种类而不同，有些水母没有变成水母这个过程，有些水母没有浮浪幼虫这个过程，还有的没有息肉这个过程。来自美国国家和海洋大气局国家分类学实验室（NOAA's National Systematics Lab）的动物学家艾伦·科林斯（Allen Collins）说道："有些种类的水母具有再生的能力。它们能从水母的状态重新回到息肉的状态，这从理论上来说就是"返老还童"。灯塔水母就是个例子，它被称为永生水母。"。

永生水母是所有生物中最引人注目的。它们在息肉阶段仍然能生出雄性和雌性的浮游水母体。"不同点在于，在困难时期，水母可以变回息肉，直接略过浮浪幼虫这个阶段，所以从理论上讲它们就是返老还童，重新来一遍生命的过程，所以可以说它们是永恒的。"康威说道。但是，很多这样的水母会死于疾病或是被捕食者吃掉。

捕食者是自然秩序的一部分，但我们是怎么影响自然秩序的呢？"毫无疑问，在世界上的一些沿海地区，某些水母的数量在增长，"来自英属哥伦比亚大学的海洋与渔业研究所（the Institute for the Oceans and Fisheries, University of British Columbia）的卢卡斯·布鲁兹（Lucas Brotz）说。"不断增长的水母和人类活动也有关系，包括全球变暖、过度捕鱼和污染。"这些联系很难用实验的方式证明，但是我们掌握的证据在不断地增加。"

克里斯汀·霍尔

科学家们经过计算发现，水母是世界上最"节能"的生物。

水母随着海浪和水流而动，这意味着它们常常聚居在一起，尤其是为了食物聚在一起

钟状物

成年水母的身体主干包括一个钟状冠，囊括了水母的内部构造，悬挂着很多触手。最上面被称为反口面，下面被称为口面。

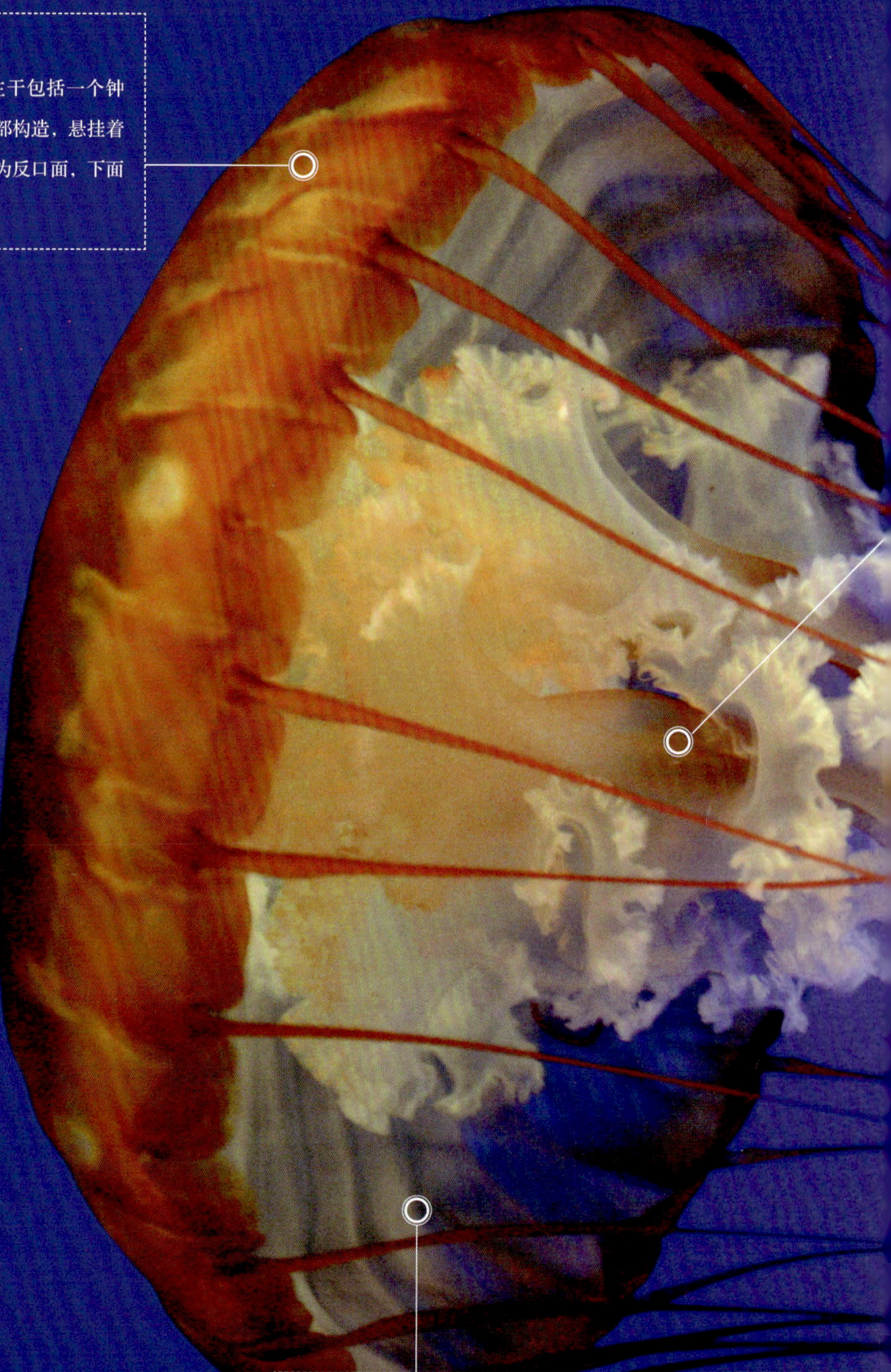

钟状结构

水母的身体包括三层：最外是表皮层（epidermis）；中间是中胶层，由浓厚有弹性的胶状物构成；最内层是胃皮层（gastrodermis）

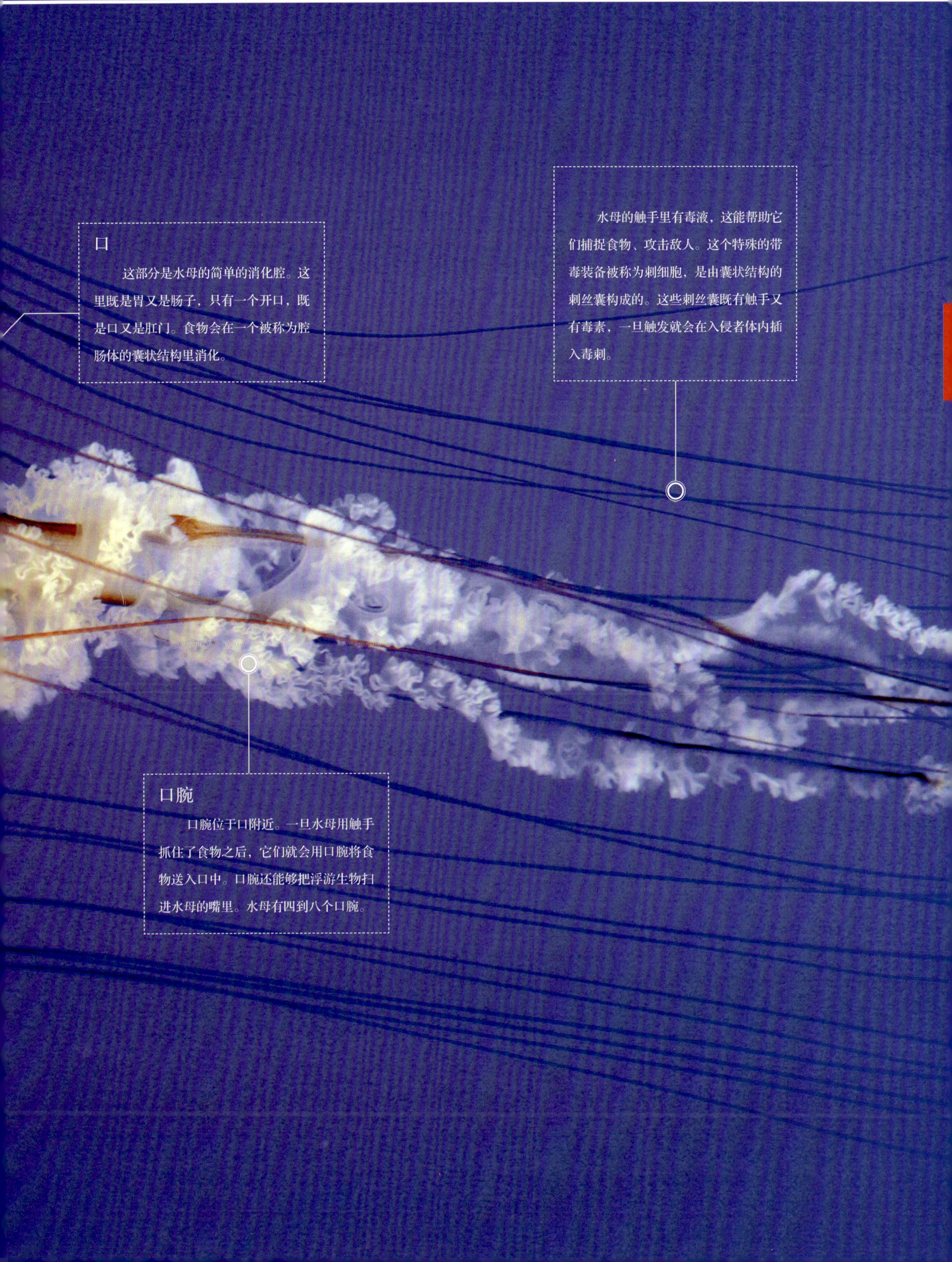

口

这部分是水母的简单的消化腔。这里既是胃又是肠子，只有一个开口，既是口又是肛门。食物会在一个被称为腔肠体的囊状结构里消化。

水母的触手里有毒液，这能帮助它们捕捉食物、攻击敌人。这个特殊的带毒装备被称为刺细胞，是由囊状结构的刺丝囊构成的。这些刺丝囊既有触手又有毒素，一旦触发就会在入侵者体内插入毒刺。

口腕

口腕位于口附近。一旦水母用触手抓住了食物之后，它们就会用口腕将食物送入口中。口腕还能够把浮游生物扫进水母的嘴里。水母有四到八个口腕。

胸脊鲨很像现代的鲨鱼。除了头部附近的像烫衣板一样的背鳍。

史前海洋生物

几百万年前的海洋生物比今天的海洋生物体型更大、游得更快，也更加凶残。

2010 年，在英国皇家学会（the Royal Society）成立 163 年之际，该学会将玛丽·安宁（Mary Anning）列为“对科学史影响最深远的十位英国女性”之一。安宁出生于莱姆里杰斯（Lyme Regis），并且在那里逝世。那里是英国研究古生物学最活跃的地区。在那里，安宁和她的爱犬特雷（Tray）因为一系列重大的科学发现而闻名于世，包括正确识别出第一具鱼龙（ichthyosaur）骨架，最早发现两条蛇颈龙（plesiosaur）等。

古生物学者史蒂芬·古尔德（Stephen Gould）曾说：“玛丽·安宁也许为古生物学史留下了最动人的绝唱，”他说的没错。安宁的发现和达尔文的进化论共同开辟了一片史前海洋生物的新世界。

鱼龙

在这片世界里居住的海洋生物相比于今天的水下生物体型更大，体貌也更加不凡。其中的大多数生物都是在安宁的家乡莱姆里杰斯被发现的。其实，第一个完整的鱼龙颅骨是在 1811 年由安宁的哥哥约瑟夫·安宁（Joseph Anning）在多塞特（Dorset）发现的。如今，鱼龙在世界各地的博物馆都非常受欢迎。这种生物在中生代是非常常见的，最早大约出现于 2.5 亿年前。

鱼龙跟海豚的外形很像，一般来说，它们的长度在 2~4 米之间，但是有些物种能达到 15 米长。它们还是肉食性动物，它们进化出的尖鼻子是为了捕食小型的动物。它们的眼睛非常大，鱼龙是所有脊椎动物中眼睛和身体的比例最大的动物。这也暗示了它们要么在夜间捕食，要么在深海捕食。大约在 2500 万年前，鱼龙彻底灭绝了。这是因为一颗小行星撞击了地球。那次撞击结束了恐龙时代。尽管我们做了大量的研究，但对鱼龙我们还是知之甚少。

鱼龙体型非常娇小，跟鲨鱼一比，它们显得微不足道。我们将会从第三章开始详细介绍鲨鱼，尤其是大白鲨。但是现在鲨鱼的食物一般是浮游生物，古代的巨齿鲨可不会满足于这些食物。化石告诉我们这种庞大的鲨鱼最大能达到 18 米到 20 米，这大约是大白鲨的三倍多。人们发现的某些巨齿鲨的牙齿有 17 厘米长。在大约 160 万年前，地球上出现了巨型鲨，而当更新世[1]（Pleistocene）结束时，巨型鲨也从此销声匿迹。

① 更新世：亦称洪积世（从 2,588,000 年前到 11,700 年前），地质时代第四纪的早期。

巨菊石（Parapuzosia）是世界上最大的菊石。它生活在后白垩纪时期，直径可达 1.8 千米。

剑射鱼能够跳出水面。
这种 6 米长的鱼之所以这样做不是为了不是，而是为了驱赶皮肤中的寄生虫。

最新发现

科学家们最新发现了一种已经灭绝的巨型海洋生物，并将其命名为“头盔海神”（Aegirocassis Benmoulae），这种生物提供了节肢动物（arthropods）早期的进化细节……

体型

它的名字是为了纪念它的发现者穆罕默德·本·穆拉(Mohamed Ben Moula)。这种动物长七英尺，是最大的节肢动物。节肢动物指长有外骨骼的无脊椎动物。它被发现于摩洛哥（Morocco）的东南部，距今已有 4.8 亿年的历史。

食物

尽管在当时，大多数奇虾（Anomalocaridids），即“头盔海神”所属的物种，都是位于食物链顶端的捕食者，这种动物更像是如今的鲸鱼，它们通过过滤海水来得到食物。以前的过滤型捕食者的体积都相对较小，一般生活在海底。

缺少联系？

这种生物展现了更古老的寒武纪①（Cambrian）时期的奇虾所不具备的特征：它有两个用于游动的侧翼，而不是一个侧翼。这说明节肢动物已经进化到了拥有两节肢体的阶段，如今的节肢动物比如虾就有这样的特征。

节肢动物

据化石记载，最早的节肢动物出现于 5.3 亿年前。节肢动物是地球上种类最为繁多的动物，包括以下体态相似的物种，如马蹄蟹、蝎子、蜘蛛、龙虾、蝴蝶、蚂蚁和甲壳虫。

① 寒武纪：寒武纪是显生宙的开始，距今约 5 亿 4 千 2 百万年前 ~4 亿 8 千 8 百万年。

与如今的海洋动物一样，史前生物中既有食肉动物，又有食草动物

鱼龙的化石记录遍布世界各地的博物馆

巨齿鲨的化石在全世界都被发现过，包括欧洲、非洲和北美洲。毫无疑问，它们雄霸水下食物链的顶端。它们的食物主要是海豚和鲸鱼。据说，巨齿鲨有下面这样的捕食技能。它能够从海底冲向海面，就像是火箭发射一样，用它的尖鼻子直冲冲地扎入正舒舒服服地躺在海面上的鲸鱼。这种猜想是基于鲸鱼的脊椎化石，有些化石上有压缩损伤，这似乎是来自海底的庞然大物的撞击导致的。

但是在白垩纪（1.45 亿至 6500 万年前），那时候的海洋才是历史上最血腥的时期。那时的海洋里有很多危险的大型捕食者。黄昏鸟（Heperonis）的故事就能证明这一点。这种鸟大部分时间都栖息在海面上的岩石上。它经常被一些体积较小的沧龙（mosasaurs）吃掉，如大洋龙（Halisaurus）。大洋龙会在海水下的暗礁里等着黄昏鸟下水，只要它一下来，就将它吃掉。

这些沧龙在巨型沧龙面前都是小鱼苗。巨齿鲨在长达 17 米的巨型苍龙面前都得溜之大吉，所以说在白垩纪时期，体型对于生存来说无疑是非常重要的。如板龙（Elasmosaurus），它隶属于蛇颈龙，有 15 米长，它巨大的脖颈会出其不意地慢慢靠近浅滩上的鱼类。

侏罗纪的危险

侏罗纪时代也有很多致命的海洋动物。弓鲛（Hybodus）和地栖鳄（crocodilian Metriorhynchus）这样的鲨鱼无疑是海中霸主。但它们跟滑齿龙（Liopleurodon）一比，又显得微不足道。据说滑齿龙有 25 米长，但也有保守的估计认为它只有 25 米的一半那么长。巨大的桨叶状四肢让滑齿龙能够迅速游离危险的水域。它的嘴巴有 3 米宽，牙齿是暴龙（Tyrannosaurus）的两倍长。

对于滑齿龙颅骨的最新研究发现，滑齿龙能够从鼻孔吸水，这可以让它确定气味的来源。如果它在游动时张开嘴巴，海水就能直接流过位于鼻子最高处的勺子状的鼻孔，然后在眼睛最前方的鼻子开口处流出。这样的水流可以让滑齿龙发现附近的猎物。

当然，远古时期的鱼类并没有完全灭绝。根据化石的记载，盲鳗已经存在了 3 亿年了。这说明在恐龙称霸地球之前盲鳗就已经存在了。盲鳗又被称为“黏液鳗鱼”（slime eels），它们生活在相对较深的海域。

鹦鹉螺主要以贝类、鱼类和头足类动物为食。

科学掠影

恐龙时代的精彩画面

鹦鹉螺

鹦鹉螺长有螺旋状白色外壳，是早期的海洋捕食者。

鹦鹉螺属于海洋无脊椎动物，在地球上消失已久。螺旋状的外壳告诉我们，它们和现代乌贼和章鱼之类的鞘亚纲（coleoid）动物很有可能是近亲。罗马哲学家老普林尼（Pliny the Elder）曾经把它们称作“阿蒙神之角”。鹦鹉螺的软体部分没能保留下来，而它们种族的至亲也已灭绝，所以我们对它们的生活方式了解并不多。鹦鹉螺出现在4亿1500万年前，灭绝于白垩纪末期，它们的化石遍布全球各地。

它们主要在浅海生活，因为它们的外壳很薄，不足以承受深海的压力。

鹦鹉螺在水中前进主要是靠喷射推进，通过外壳中一个漏斗状的开口向外排水，利用水的推动力在海洋中游来游去。

你问我答

如何在无氧的环境下生存？

海洋里的某些地方被认为是一片死寂没有生命的，但事实并不是这样。

大多数的海底都有氧气，但有时候也有例外。有些深海盆地并没有水循环，也几乎没有氧气。地中海（Mediterranean）下面就有一片这样的地方，好像是没什么生命。但真的是这样吗？不一定。在2010年，研究者们探索了3,000米深的海域，发现了第一种不用氧气就能活下来的生命，它们被称为路西弗斯（Lociferans），这个名字来源于1983年被发现的某个动物门。那么，它们究竟是如何存活、如何生活的？我们对这些还不得而知，但是它们肯定用了厌氧的方式，也就是不需要氧气就能产生能量。

路西弗斯被发现于3,000米深的海洋中，它们不需要氧气就能生存

英国会被侵蚀殆尽吗？

海浪一直在侵蚀英国的海岸线。

在海洋的力量之下，就连石头也很难逃出生天。在漫长的时间长河中，海浪的作用将海岸线上的坚石变成了鹅卵石和砂砾，不断侵蚀着陆地。如果长此以往，海洋绝对可以将英国变为一片新的大西洋，让它完全沉寂在波浪之下。

不过，这个过程受到很多因素的影响。海平面会起起落落：比如说，在上一个冰期，海平面就非常的低以至于英国反倒变为了与欧洲大陆相连的一片半岛；大陆也同样起起落落：西部英格兰现在正在上升，而东部正在下降，这个国家正在冰川的沉重压力之下恢复过来。这意味着没有任何一个单一的过程可以决定这片土地的未来，甚至是强大的海洋也不行。

史蒂夫·埃利斯　英国，斯温顿

为什么大洋不会冻住?

即使是在冰冻三尺的大冷天，海洋似乎依然不会冻住。海水就是天然的抗冻剂。纯净水 0 摄氏度时会结冰，但气温要降到 -21.1 摄氏度才能完全冻住海水。事实上，正是由于盐水冰点更低，我们才会在冬天道路结冰时撒盐，加速融化。

但是，即使在两极地区，海水表面还是会冻住，形成浮冰块。水有种奇异的特性，在结冰时，密度低于液态水，所以冰会浮在水面上，冰下则是温度零上的水。从某种程度上而言，冰下的水正是受到了冰的“御寒”作用。正是上面的冰层，冰下的水才得以维持液态。

然而，即使有冰层保护，海水也并非一直能完全抗冻。如果我们通过某种方式，让地球远离太阳的温暖光照，来到太阳系外围的冰冷黑暗之中，历经几千年的全球寒冬，我们的大洋最终会变成盐水冰棍，里面所有的生物也都会冻得硬邦邦的。

彼得 · 沃克 (Peter Walker) 英国，布莱顿

96

108

112

120

3 鲨鱼——海洋霸主

鲨鱼之最

从最大的鲨鱼到最慢的鲨鱼，让我们来认识一下这些“最”鲨鱼。

切除鱼翅是一种非常残忍的行为。在被切除鱼翅后，黑鳍鲨又被扔回大海，只能窒息而亡。

被人类食用最多的 黑鳍鲨

“美味佳肴”的身份让它濒临灭绝

可怜的黑鳍鲨！在大西洋，黑鳍鲨和它的近亲高鳍真鲨（sandbar shark）是被人类猎捕最多的鲨鱼，现在已经濒临灭绝。

在少数情况下，渔民们会带回整条鲨鱼。人类会享用它们的肉、油和皮。但不幸的是，一些鲨鱼被切除了鱼翅后再被扔回大海，等待它们的要么是窒息而亡，要么是被其他捕食者吃掉。

这种惨剧的导火索就是鱼翅汤。鱼翅汤在某些国家非常流行，虽然鱼翅本身没有什么味道，但是它能够让汤变得黏稠，呈凝胶状。鱼翅汤是某些特殊场合的“美味佳肴”，或者仅仅是为了彰显一些人的社会地位。

如果渔民在切除了鲨鱼的鱼翅后不把鲨鱼的身体带回岸上，他们就能在“鱼翅汤”生意上实现利益的最大化。

据估计，每年至少有7,300万条鲨鱼被这样杀害。不仅仅是黑鳍鲨和高鳍真鲨，还有锤头鲨、长尾鲨甚至是大白鲨都惨遭屠杀。

一些国家和地区已经立法禁止切除鱼翅的行为，包括澳大利亚、加拿大、美国、欧盟和中国台湾。鲨鱼位于海洋食物链的顶端，人类屠杀如此众多的鲨鱼，不仅仅会影响鲨鱼本身的生存，还会对整个生态系统造成不利的影响。

据估计，每年至少有7,300万条鲨鱼因被切除鱼翅而死。

栖息地最寒冷的 **鲑鲨**

让鲑鱼心惊胆寒的阿拉斯加鲨鱼

提起鲨鱼，你也许会想到墨西哥、澳大利亚或者是南非的蔚蓝色大海，你肯定不会想到阿拉斯加、通古斯卡（Tunguska）或是日本这些地方，但人类就是在这些地方发现了鲑鲨。作为生活在北太平洋的物种，鲑鲨的活动范围最南可达加利福尼亚，最北甚至接近北极圈。

阿拉斯加的鲑鲨常常去威廉王子湾[①]（Prince William Sound）等待一年一度的鲑鱼洄游。太平洋的鲑鱼会从大海返回到它们出生的河流中产卵，然后死去。由于鲑鲨无法进入淡水区，它们会在鲑鱼游回河流之前堵截并吃掉鲑鱼。

作为大白鲨的近亲，鲑鲨也能够加热身体的某一部分，使身体的温度高于周围的水温，以在冷水中快速地游动。

鲑鲨在东部和西部的种群分布很不寻常。在美国海岸附近的西太平洋，雄性鲨鱼要多于雌性鲨鱼，而在东太平洋的日本，雌性鲨鱼要多于雄性鲨鱼。

对于上述的现象，有一种猜想认为，这是由于日本的渔民专门捕捞雄性鲑鲨，将它们的鱼鳍用于制作传统医药。据记载，鲨鱼会从海洋的一边游到另一边，所以性别不均衡不会影响鲑鲨的繁殖。

在禁止商业捕鱼后，鲑鲨的未来似乎会安全些。但它们还是会时不时地被人类用刺网捕获，在被切除鱼翅后弃入大海。

作为大白鲨的近亲，鲑鲨也能够加热身体的某一部分，使身体的温度高于周围的水温。

① 威廉王子湾：美国阿拉斯加湾伸入大陆、海岸曲折的海湾。

鲑鲨是在北太平洋被发现的

斑纹须鲨平静地躺在海底。

游泳最慢的 格陵兰鲨

它动得慢，所以活得长

格陵兰鲨的寿命长达 200 岁，所以它完全可以慢慢来。它游动的速度大约只有海豹的一半。格陵兰鲨喜欢在冰冷的深海中活动。由于眼部的寄生虫，格陵兰鲨几乎看不见东西，所以科学家们曾经非常困惑它是如何捕食的。

人们发现，格陵兰鲨也许是通过偷袭来捕食。东京国家极地研究所（Tokyo’s National Institute of Polar Research）提出了一种猜想：格陵兰鲨动得慢，加上有一身黑棕色的皮肤，这能让它偷偷地接近在北冰洋里睡大觉的海豹。海豹也很可怜，它们本来是想躲在北冰洋里躲避北极熊的。

人们还在格陵兰鲨的胃里发现了熊、驼鹿、马和驯鹿的残骸，但是它最主要的食物还是鱼类。格陵兰鲨一般在格陵兰岛、加拿大和北欧活动，但是人们在南部的墨西哥湾也发现了它的踪迹。相比于我们对大白鲨的了解程度，我们对这种神秘生物还知之甚少。由于它的肉有毒，人们一般不会故意捕捞格陵兰鲨。

如果你不小心吃了格陵兰鲨的肉，就会感觉像喝醉了酒。这是因为格陵兰鲨体内有一种叫氧化三甲胺（trimethylamine oxide）的化合物。这种化合物会使腐烂变质的海鲜散发出难闻的臭味。深海的鱼类身上一般都有这种化合物，这种物质能帮助它们抵消水压对于蛋白质的不利影响。但这种物质对人体没有一点好处。

人们还在格陵兰鲨的胃里发现了熊、驼鹿、马和驯鹿的残骸，但是它最主要的食物还是鱼类。

格陵兰鲨体内都是三甲胺，吃了它的肉，你就会感觉像喝醉了酒

虽然灰鲭鲨的肉质不好，但是自 20 世纪 80 年代之后，长鳍灰鲭鲨和短鳍灰鲭鲨的数量锐减了 40%

游泳最快的 灰鲭鲨

它不仅长有 13 排牙齿，还游得飞快

灰鲭鲨的速度能达到每小时 46 英里，还能跳出水面 3 米高，它是鲨鱼中当之无愧的运动冠军。

无论是长鳍的灰鲭鲨还是短鳍的灰鲭鲨，你在世界各地都能寻到它们的踪迹。灰鲭鲨更喜欢温暖的海域，大约生活在 150 米的海下。它主要以鱼类为食，但是它也吃其他的鲨鱼、海鸟、鱿鱼以及所有不幸落入它嘴里的食物。它长有 13 排又长又尖的牙齿，就算合上嘴时，尖牙仍然清晰可见。

灰鲭鲨拥有卓越的速度和跳跃能力，尤其是短鳍的灰鲭鲨更是如此，所以它成为游钓者们的最爱。由于它的肉质不好，商业捕鱼者并不喜欢它。但是，灰鲭鲨还是会被人类捕捞到，这也许是因为它们把人类要捕捞的鱼类当成了猎物，导致不幸落入了渔网里。所以自 20 世纪 80 年代以来，灰鲭鲨的数量下降了 40% 左右。

在捕食时，灰鲭鲨似乎并没有使用电子接收感应功能，而其他的鲨鱼比如大白鲨和锤头鲨经常会利用这一功能捕食。在一些测试中，灰鲭鲨对释放电子信号的猎物并不感兴趣，但是长鳍的灰鲭鲨会被水中的光吸引，这说明它们有可能是利用听觉、视觉和嗅觉来锁定猎物。

长鳍的灰鲭鲨会被水中的光吸引，这说明它们有可能是利用听觉、视觉和嗅觉来锁定猎物。

长尾鲨的尾巴运动的速度能达到50英里每小时，这足以打晕它的猎物

尾巴最大的 长尾鲨

它的名字源于它的致命武器

长尾鲨生活在海下500米以上的公海中，共有三类。每类长尾鲨都长有巨大的尾巴。它们的尾巴几乎和身体一样长。

它们的尾巴被称为尾鳍，是一种可以打晕鱼群的武器。2013年某一期《公共科学图书馆·综合》(PLOS ONE)上对它有如下的描述："捕杀开始了，这条鲨鱼把胸鳍收起来，转了个角度，然后迅速地向左侧扬起尾巴抽打鱼群，尾巴不断地从最后扫到嘴巴附近，然后它又转了180度，开始享用那些已被打死或打晕的沙丁鱼。"

它的尾巴扫动的速度可以达到每小时50英里。溶解在水中的空气因为如此高速的运动被挤出水面，形成大片的气泡。

不幸的是，由于它喜欢吃沙丁鱼，而人类也捕捞沙丁鱼，这就让长尾鲨跟渔民有了交集。它的尾巴经常会被困在渔网里，这是因为它用尾巴击打了被人类盯上的沙丁鱼。长尾鲨不仅仅是一种游钓鱼，还是人类捕捞的目标。它们的肉、皮和肝油都能被人类所用，据说长尾鲨的肝油可以用来疗伤。世界自然保护联盟(the International Union for the Conservation of Nature)已将所有种类的长尾鲨都列为了"易危物种"[①]。

它的尾巴扫动的速度可以达到每小时50英里。溶解在水中的空气因为如此高速的运动被挤出水面，形成大片的气泡。

① 世界自然保护联盟濒危物种红色名录——一个衡量全球主要物种生存状况和受威胁情况的清单，将物种的濒危等级划分为7个等级，由高到低分别为灭绝、野外灭绝、极危、濒危、易危、近危和无危。其中极危、濒危和易危物种又被统称为受威胁物种。

鼻子最大的 木匠鲨（锯鳐）

它的鼻子就像工具一样，可以挖出甲壳类动物

木匠鲨其实不是真正的鲨鱼，它们属于鳐鱼，但是和鲨鱼有着密切的联系。木匠鲨是它们家族里唯一存活至今的生物。木匠鲨的长相实在是相当独特：长长的吻向前凸出，上面布满了尖牙。所以它们又被称为锯鳐。

锯鳐生活在太平洋、大西洋沿岸乃至地中海区域。所有种类的锯鳐都濒临灭绝，它们的数量已锐减到历史最高水平的 10%。它们栖息的滨海泻湖和河口三角湾遭到人类的破坏，渔民们又对它们大肆捕捞，所以锯鳐才会濒临灭绝。锯鳐的肉、肝油和价值 500 英镑的吻突在市场上很受欢迎。2007 年之后，世界上已经禁止了锯鳐贸易。

锯鳐可以用吻突挖出甲壳类动物再吃掉它们，还可以用吻突探测猎物的运动。锯鳐的吻突对电子的感应相当灵敏，这个器官就像是鲨鱼的洛伦氏壶腹[①]（ampullae of Lorenzini）。但是吻突在吃食物时没什么用。和所有的鳐鱼一样，锯鳐的嘴巴其实在身体的下方。

锯鳐是一种温和的夜行动物，如果人类不招惹它们，它们是不会攻击人类的。它们的繁殖速度很慢。锯鳐幼体的吻突非常柔软，在刚出生时它们的吻突外面长有一层保护层。随着吻突逐渐变硬，外面的保护层也会慢慢脱落，这时候的小锯鳐就能够独立捕食了。

锯鳐的吻突对电子的感应相当灵敏，就像是鲨鱼的洛伦氏壶腹，但是吻突在吃食物时没什么用。

锯鳐对人类没有威胁

① 洛伦氏壶腹：指鲨鱼嘴边的小孔下方有球囊状的结构，这是一种感觉器官。

长相最奇怪的 剑吻鲨

一种笨笨的、长相奇怪的精灵

剑吻鲨是一种罕见的深海鲨鱼，它的历史可以追溯到 1.25 亿年前。它的长相确实非常原始：粉色的皮肤、凸出的牙齿、又长又扁的鼻子。但剑吻鲨鼻子下面的东西才是最可怕的。

剑吻鲨的嘴里有 30 多排牙齿，密密麻麻地几乎快长到了鼻子的边上。这些尖牙能够轻易地抓住在深海中栖息的小鱼。剑吻鲨一般生活在 100 米以下的海域，最深的纪录是 1300 米的海下。它们居住在阳光照不到的地方，这种奇怪的鱼常常呈白色、银色，甚至会自己发光。它们游得很慢，捕食时只需要通过一对富有弹性的韧带张开嘴巴，享用路上的美食。

由于剑吻鲨住在深海中，所以人类对它们的了解非常少。它们也很少跟人类打交道。我们从来没有见过怀孕的母剑吻鲨，甚至不知道它们究竟有多大。现在捕获到的雄性剑吻鲨约为 2.6 米。人类也曾经想通过圈养剑吻鲨来研究它们，但是样本在一周后就死掉了。基因检测发现，剑吻鲨也许是最原始的鼠鲨目(Lamniformes)物种，长尾鲨、大白鲨都属于该物种。现在人类的活动还没有威胁到剑吻鲨，所以它们这个物种可以多活几百万年了。

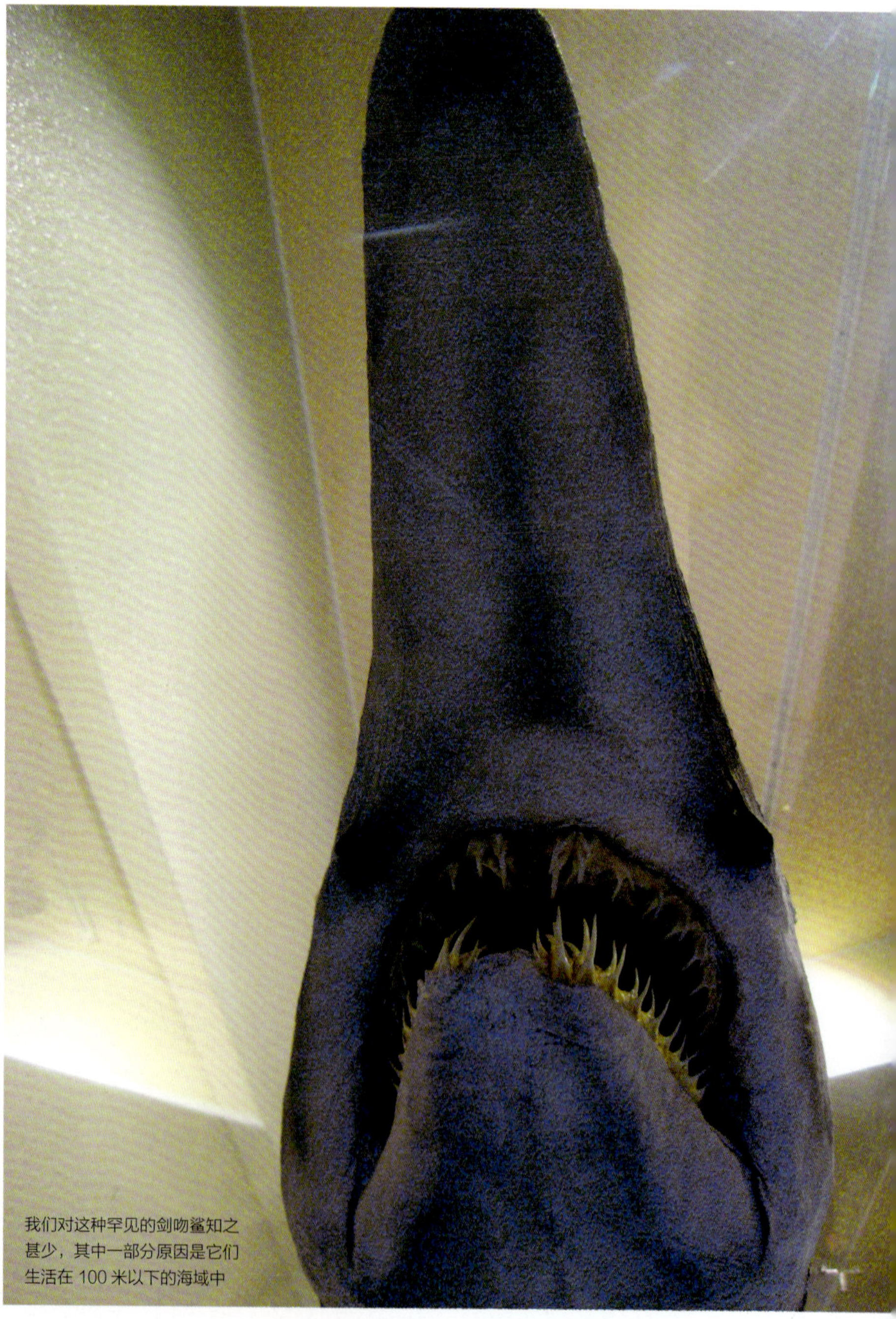

我们对这种罕见的剑吻鲨知之甚少，其中一部分原因是它们生活在 100 米以下的海域中

剑吻鲨的嘴里有 30 多排牙齿，密密麻麻地几乎快长到了鼻子的边上。这些尖牙能够轻易地抓住小鱼。

对人类来说最危险的 牛鲨

盐分调节的能力让它生活得自由自在

鲨鱼住在海里，这是常识。但是牛鲨会游到淡水河里，这就意味着比起其他的鲨鱼，它们会接触到更多的人类。

对于其他所有的咸水鱼来说，往淡水里的一跃是致命的。但是牛鲨可以通过肝脏、肾脏、鱼鳃（可以控制进入体内的盐分）和直肠腺来调节血液中的盐分和尿素水平。进入淡水后，牛鲨的肾脏可以排出较多的尿素和较少的盐分。这些成分经过直肠腺和血液排出体外，这种能力让牛鲨能够适应新的环境。事实上，淡水中的牛鲨的体内仍然是咸的。

人们在尼加拉瓜湖（Lake Nicaragua）（一个离加勒比海 65 英里的岛屿，牛鲨在那里排出体内的淡水）、伊利诺斯州（Illinois）的密西西比河上游 600 英里处、亚马孙河上游 1,000 多英里处都发现了牛鲨。牛鲨的攻击性很强，它们喜欢在浅水中捕食鱼类和小型哺乳类动物。牛鲨会撞击猎物，然后把它们咬碎。就是在这种背景下，牛鲨与人类有了接触。牛鲨在恒河（the Ganges）以及澳大利亚的河流中都曾攻击过游泳者。牛鲨一般在河口和滨海泻湖这样的淡盐水中繁殖后代。年幼的鲨鱼拥有更好的水域适应能力。当然了，被鲨鱼杀死的概率是被水淹死的概率的五千分之一，所以你不用因为牛鲨咬人就不敢下海了。

人们在尼加拉瓜湖、密西西比河上游 600 英里处以及亚马孙河上游 1,000 多英里处发现过牛鲨。

牛鲨具有攻击性，喜欢营养丰富的浅水区，那里有它们最爱的鱼类和小型哺乳类动物

最重的 鲸鲨 (whale shark)

它是最大的鲨鱼，也是最温顺的鲨鱼

这是如今存活着的最大的鱼类，也是除了鲸鱼之外的最大的动物。鲸鲨非常温和，游得很慢，是过滤型捕食者。它跟我们熟知的“鲨鱼是凶残的捕食者”的形象差了十万八千里。

1947 年，人类在巴基斯坦捕捉到了迄今为止最大的鲸鲨，它重达 21 吨，长 12.6 米。但肯定存在比它还要大的鲸鲨，只是人们还没有机会为它们称重而已。

这种鲨鱼之所以能长这么大是因为它们吃得多。鲸鲨能一口吞下巨量的浮游生物、磷虾和小鱼。嘴巴一张就有 1.5 米宽。它的嘴里有 350 多排小牙和 10 块过滤板，这可以帮助它在张着嘴巴游动时过滤出海水中的小生物。它的食物一般是鱼群或其他生物，所以它会用过滤板和鱼鳃过滤掉海水，然后狼吞虎咽。

如果你太大了不方便吃，鲸鲨会自动地忽略你。曾经有潜水者搭乘鲸鲨游泳，但是环保主义者批判了这种行为。

鲸鲨可以活 100 多年，但人类并不知道它们的具体寿命。虽然人们知道鲸鲨会生出子孙后代，但是我们从未见过鲸鲨繁衍的场面。人们猜测它会为了寻找食物和配偶而迁徙。这种世界上最大的鱼类还是藏着自己的小秘密的。

同样的，现在也没有关于鲸鲨数量的可靠猜测。但是，由于鲸鲨寿命很长而且成熟得慢，所以世界自然保护联盟已经将其列为濒危动物。

人们在巴基斯坦海岸发现了世界上最重的鲨鱼，它重达 21 吨。

曾经有潜水者抓着鲸鲨搭着它游泳，但是我们不鼓励这种行为

牙齿最大的 巨齿鲨

它的咬合力可达 20 吨

海底的巨型牙齿化石告诉我们，在我们的海洋中曾经存在过一种巨型鲨鱼。这块牙齿化石长达 180 毫米，呈三角形的锯齿状。很明显，这是杀手的武器。但是这个动物剩下的部分却无处可寻。鲨鱼的骨架大部分是软骨，这是一种比骨头要软的材料，很难变成化石。巨齿鲨能被人类知道就是因为它奇特的牙齿以及少量的脊柱化石，但这些已经能告诉我们很多关于巨齿鲨的信息了。

巨齿鲨生活在 1590 万年 ~ 260 万年前，居住在世界各地温暖的深海里。它能够长到 20 米长，是大白鲨的 3 倍长。它能吃下途经的任何食物，包括巨大的海龟和倒霉的鱼群。牙齿化石上的痕迹告诉我们巨齿鲨有超强的咬合力。悉尼的研究者们估计巨齿鲨的咬合力可达 20 吨左右。要知道大白鲨的咬合力才有 2 吨，而雷克斯霸王龙（Tyrannosaurus rex）的咬合力也才 3.1 吨左右。

虽然有些骗人的纪录片和不科学的理论还在说海洋中仍然有少量的巨齿鲨存在，但是不要害怕，巨齿鲨确实已经灭绝了。

大约在 1,500 万年前，气温开始降低，海水变成了冰川，这导致海平面下降，温暖的海域变得越来越少，年幼的巨齿鲨很难安全地存活下来。250 万年前，北美洲和南美洲之间的空隙聚合在一起，巨齿鲨的食物变少了，这也导致了巨型鲨鱼数量的锐减。巨齿鲨实在是太大了，由于没有足够的食物供给，这种庞然大物被迫灭绝了。

巨齿鲨生活在 1,590 万年 -260 万年前，居住在世界各地温暖的深海里。

巨齿鲨可长到 20 米长，它能吃掉所经之处的任何食物

屁股鱼也许并不是从屁股里排泄粪便在所有脊椎动物里，它的脑子和身体的比例是最小的。所以人们认为它很聪明。

5 揭穿关于鲨鱼的五大谣言

鲨鱼有着某种特殊的角色设定，这都是本奇利和斯皮尔伯格的“功劳”。但是真正的鲨鱼故事究竟是怎样的呢？

01 鲨鱼天生就有很多牙齿

鲨鱼永远不缺牙齿，随着旧牙齿掉落，新的牙齿会马上长出来。但是这跟鲨鱼一生下来就有成千上万颗牙齿可不是一个概念。人类有两排牙齿，而且有牙根和牙槽，所以牙齿能牢牢地固定在牙床上。但是鲨鱼和人类不一样，鲨鱼的牙齿长在软组织上。由于鲨鱼狂野的进食方式，它们的牙齿很容易脱落。

但是，因为鲨鱼的牙齿是成排排列的，所以掉牙对它们来说不是什么大事。当前排的牙齿出现空隙时，后排的牙齿就会补上那个空隙。这可以让鲨鱼进化出强健的口齿，想咬谁就咬谁，完全不用担心掉牙的问题。

年轻鲨鱼的换牙速度相对较快。深海中的鲨鱼的牙齿掉落得慢一些。但是没关系，一只长寿的鲨鱼可以在一生中长出3万颗牙齿。

右图
鲨鱼的一生可以长出 3 万颗牙齿，这十分惊人

02 鲨鱼的脑子很小

这个谣言是因为鲨鱼看上去就像个不动脑子的屠杀机器，除了琢磨下顿饭在哪儿吃其他什么都不会想。好吧，鲨鱼的确不怎么使用工具、书面语或是播客网，但是说它们的脑子像核桃一样小确实对它们不公平。

首先，比起鲨鱼的脑子，人类的脑子才更像核桃，因为人脑又圆又皱。打开大白鲨的头盖骨，你就会发现一个差不多两英尺长的 Y 形组织，该组织按照脑前区、脑中区和脑后区的顺序排列着。脑前区的两个嗅球使得大白鲨的嗅觉灵敏地令人生畏。

但是，鲨鱼的脑子跟身体的比例还是很小的。人脑和人体的比例为 1 比 40，而大白鲨因为体型太大，脑子和身体的比例为 1 比 2496。

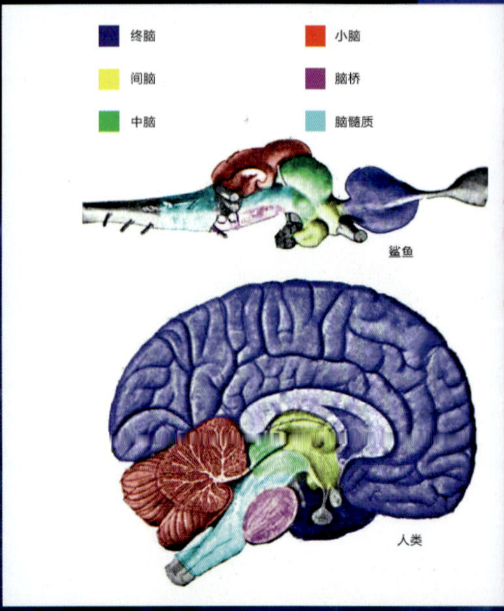

研究发现鲨鱼跟人类一样也会得癌症

03 鲨鱼不会得癌症

不多读几遍，还真是理解不了这一点。但是在某些替代医学中，鲨鱼软骨确实被当成了治癌神药。鲨鱼的确是一种神奇的生物，但它们还没有那么神奇。我们先暂且不论人类至今仍对癌症束手无策这个事实，我们先搞清楚用鲨鱼软骨治病这个“妙方”是从何而来的。原来，人们误以为鲨鱼不会得癌症，所以才会用软骨治癌。

但是鲨鱼是会得癌症的。在夏威夷大学（the University of Hawaii）2004年的一项研究中，他们在包括鲨鱼在内的软骨鱼身上发现了42块肿瘤，这些软骨鱼还仅仅只是他们的研究标本。有一些肿瘤甚至就长在软骨上。

在特殊的情况下，软骨可以抑制血管朝附近的肿瘤处生长。但这并不是鲨鱼才有的技能。所以服用神奇的鲨鱼药片来治愈癌症纯属无稽之谈。

04 鲨鱼什么都吃

其实这一点可能是对的。人们在鲨鱼的胃里发现过一整套的骑士盔甲（这是一位16世纪的法国人记载的）、汽车牌照、轮胎、炮弹、没开封的酒还有带着完整鹿角的驯鹿。

鲨鱼不怎么咀嚼食物，它们更喜欢把食物整个吞下或大块吞下。大白鲨的食道里有很多手指状的凸出物，这些东西可以防止食物在进入胃部前跑出去。大白鲨的胃是U形的，而且能够伸展。它的胃里有很多强酸和酶，可用来消化肉质。剩下那些难以消化的东西就会被吐出来。

鲨鱼的肠子呈螺旋状，虽然很短，但是伸展开之后的面积很大，这有助于食物的消化。

所以也许鲨鱼什么都咬、什么都吞，但它们肯定有消化不了的东西。

过度捕捞不仅会导致鲨鱼的灭绝，而且会危及整个生态系统

05 鲨鱼灭绝了也无所谓

如果把鲨鱼的所有秘密都写出来，两本这样的书也写不完。科学家们现在还不知道种类繁多的鲨鱼是在哪里繁殖、会往哪里迁徙，甚至不知道它们究竟吃什么。随着人类往深海和无人岛礁的深入探索，每一年人类都会发现新品种的鲨鱼。深海和岛礁生态系统是鲨鱼们的秘密家园。

但是随着这些秘密的迁徙地被人类发现，鲨鱼们正濒临灭绝的边缘。作为生态系统的顶端，鲨鱼扮演了独特的作用。通过吃掉老弱病残的生物，鲨鱼可以让所捕食的物种保持整体的健康。但是当人类把顶端的捕食者干掉后，下面的整个食物链都会崩塌。

大西洋海域对鲨鱼的过度捕捞导致水母的大面积爆发，它们吃光了更小的鱼类赖以生存的食物，最终导致鱼类数量的减少。擅自介入脆弱的生态系统一般都没有什么好下场。

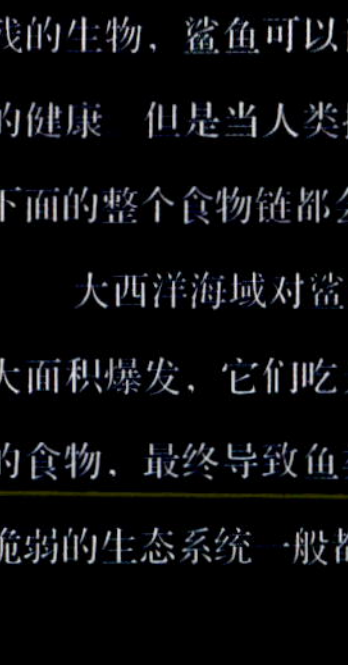

伊恩·叶文德
科学新闻工作者
伊恩·叶文德是一位自由撰稿人，他的写作范围涵盖科学、技术和数码摄影。

鲨鱼拍摄者

拍摄终极捕食者需要不锈钢做的笼子？也许并不一定……

潜入水下与大白鲨一起漫步，这么做实在是太鲁莽了。但要记录这位终极捕食者的一举一动，这是唯一的办法。

在没有保护铁笼的情况下，电影制作人艾德·卡德韦尔（Ed Cardwell）在澳大利亚西海岸的宁格罗暗礁群（Ningaloo Reef）拍摄鲨鱼。他和好友哈利（Harley）开了一家名为移动传媒（Migration Media）的公司，他就是在为自己的公司拍摄素材。在这片海域里生活着珊瑚礁鲨、短尾真鲨和虎鲨，大白鲨住在离海岸更远的海域。

“在海里拍东西，你必须尽可能地靠近拍摄物，因为水下的清晰度肯定不如地上，要想看得清楚必须得靠近它们。”他说道。

“我就戴着普通的潜水装置，从来没用过铁笼。你会发现体型大一些的雌性鲨鱼更喜欢跟人类待在一起。它好像喜欢跟人在一块儿：年轻的雄性鲨鱼在体型较大的雌性鲨鱼面前想证明自己，雌性鲨鱼也的确很漂亮。所以它们就会在周围游来游去。”

但说到底，鲨鱼毕竟是终极捕食者，他不会觉得拍鲨鱼很危险吗？“我就想在水里呆着，这让我觉得很舒服，”卡德韦尔说，“当然了，有时候你得做点什么让鲨鱼不把你当作猎物。体型较大的鲨鱼尤其好奇，它们会向你猛冲过来，然后再转回去，向你展示自己的庞大身躯。它们越是这样做，就离你越近。当它们到了某个距离时，你就得采取行动告诉它们你在水中的主导地位了。”

向鲨鱼宣示主导地位？这听上去有点疯狂。那应该怎么做呢？你要尽可能地显示你的强大。“首先，你不能表现出你的紧张。”卡德韦尔解释说，“有时候你得主动靠近它们，对它们做出它们可能会对你做的事。有一次我的船出事故了，我必须游回岸边。我大概要游 5 英里，当几头牛鲨在我身下绕圈时，我觉得我快要被吃掉了。”

必须告诉大家，卜德韦尔很幸运，现在还生龙活虎地跟我们讲故事。他继续说，“鲨鱼能够接受电子信号。痉挛就能够释放出电子信号。所以如果你的腿开始痉挛了，鲨鱼是能够接收到信号的。那时候我的腿就痉挛了，于是我就潜入海下，跟鲨鱼斗智斗勇，把它们吓跑了。那次经历算是最惊险的一次了。告诉你哈，当你在身前举着摄像机的时候，摄像机就像是个能保护你的武器。你可以用摄像机的外壳赶走它们，这个方法经常很有用。”

伊恩·叶文德

鲨鱼天生就会锁定食物

锤头鲨的头看上去也许很奇怪，但就是这种头形能让它锁定自己的下一顿晚餐。

锤头鲨的头形进化成如今这样有两个原因。一是可以让锤头鲨有更广阔的视野，不仅能看到上面和下面，甚至连后面的部分区域都能看到。二是可以拓宽它的劳伦氏壶腹区。当锤头鲨游过海底时，它就像个金属探测器一样，能捕获到鳐形目鱼以及其他藏在沙子里的鱼类所释放出的电子信号。和其他鲨鱼不同的是，锤头鲨在白天成群结队地活动，而到了晚上会独自狩猎。

有时候，鲸鲨是集群捕食的：在 2009 年，超过 400 头鲸鲨聚集在墨西哥海域。

科学掠影

来自地球海洋中的绝美图片

和其他鲨鱼不同的是，锤头鲨在白天成群结队地活动，而到了晚上会独自狩猎。

大白鲨——一位电影明星的私生活

大白鲨被描绘成杀人不眨眼的刽子手，但其实它也有温柔的一面。

40 多年前，斯蒂文 · 斯皮尔伯格制作了《大白鲨》，就是这部电影让我们闻“鲨”色变。从《深海狂鲨》到《鲨从天降 3》，大白鲨的荧幕形象一直是个冷酷无情、只知杀戮的捕食者。

虽然现实中的大白鲨跟这差不多，但多少还是有些不同的。人类一直在研究大白鲨，但是研究者们也承认他们对大白鲨的习性了解得并不多。

好莱坞对大白鲨的某些描述确实是对的，比如它的确是令人胆寒的杀戮机器。在除了极地之外的所有海洋中，大白鲨是世界上最大的掠食性鱼类。

它可不是普通的鱼。事实上，国际自然保护联盟已将它列为“易危动物”，原因有三。一是它发育缓慢，二是它是游钓者的最爱，三是我们至今不清楚它的具体数量。大白鲨一般单独行动，但是也会在食物充足的地方聚居。年幼的大白鲨可能以鱼类为食。成年大白鲨虽然不挑食，但它们更喜欢海洋中的哺乳动物，比如海豹和海狮。

无敌是多么寂寞

我们采访了美国国家海洋及大气管理局（the National Oceanic and Atmospheric Administration）的托比·柯蒂斯（Tobey Curtis），他向我们介绍了大白鲨的日常活动。“漂在水面上的鲸鱼尸体会吸引来很多鲨鱼，”他解释说，“鲨鱼们的确有一些捕食热门区域，它们会在此聚集，相互交流。但是据我们所知，它们一般都是独来独往，并不会像小鱼那样成群结队。”

如果你站在食物链的顶端，这种独来独往的生活方式完全不会给你带来危险。除了人类之外，只有一种动物能伤到大白鲨，“它就是逆戟鲸（虎鲸），”柯蒂斯介绍道，“成年逆戟鲸的体积能达到大白鲨的两倍，它们体型更大，也更加强壮。一只逆戟鲸就能干掉大白鲨。逆戟鲸可以轻而易举地抓住大白鲨，把它翻个底朝天，然后大快朵颐。”

溺水而亡

逆戟鲸能制服鲨鱼的关键就是把鲨鱼翻过来。很多鱼类包括大白鲨若被翻过来，就会进入一种强直静止（tonic immobility）的无力状态，在这种状态下，它们根本无力反击逆戟鲸，只能任其宰割。“这是一种知觉超载的状态，”柯蒂斯说，“鲨鱼一旦被翻过来，就会晕头转向，毫无知觉。”据记载，在1997年的旧金山海岸，一头雌性的逆戟鲸将一只大白鲨反转过来，这个过程持续了15分钟，这只大白鲨最终溺水而亡。

一条鱼怎么会淹死呢？所有的鲨鱼都依靠腮部的水流获得氧气，但有些种类的鲨鱼可以利用嘴巴吸水，就像是水泵一样。这种技能让它们在搁浅时也能存活，直到被其他动物吃掉。大白鲨没有这种技能，所以它必须不停地向前游。它一旦停下来或是被逼着停下来，就会因缺氧而死。

那么问题就来了，如果它不停下，那它怎么睡觉呢？研究者们就这个问题给出了很多猜想，其中一个就是鲨鱼可以让后脑、中脑和前脑分别休息，在休息时它就像在海中梦游一样。但是对于体型较小的狗鲨的研究发现，它们控制游动的神经并不在大脑中，而在脊髓里，所以它们在睡觉时也能向前游。

游两万英里都不是事

大白鲨会不停地游。在2014年，人们追踪了一头雌性大白鲨，它越过了大西洋，游到了美国的东海岸，全程两万多英里。人类在最北边的纽芬兰岛（Newfoundland）以及同纬度的英格兰南部都发现过大白鲨，并且经常在南非的南部发现它的踪迹。

食物在哪里，它们就会去哪里。“一些鲨鱼会游到夏威夷然后再游回去，全程会持续一年，”柯蒂斯说，“太平洋中部似乎有一些食物热点区，大白鲨好像会潜到很深的海域，所以吸引它们的可能是深海水母或鱼类。在北大西洋，它们会随着季节的变换沿着美国的东海岸南北游荡，但它们偶尔也会进入近海，去往百慕大群岛

人们曾在和英国南部同一纬度的纽芬兰海域发现了大白鲨。

大白鲨被描绘成没脑子的杀手，
但其实它们很聪明

（Bermuda）或向北游到巴哈马群岛（the Bahamas）。大白鲨想去哪里就能去哪里。”

不论它去哪，大白鲨都能保持体温高于周围的水温。它所属的鼠鲨科家族都具备这种技能，家族里都是游得很快且体型庞大的掠食性鱼类，比如鼠鲨（porbeagle）和灰鲭鲨。“它们能够升高身体某些部分的温度，比如心脏和脑部。”柯蒂斯说，“它们的血管系统非常特别，可以保存体内的热量。这对它们的捕食非常有利。大白鲨一般喜欢温和的或较为凉爽的海域，这种环境能够有利于加速新陈代谢、保持体温，可以加速它们的肌肉活动，让它们游得更快。大白鲨可以让胃部的温度比海水高 10 摄氏度以上。”

大白鲨的心理活动其实比我们想象得更丰富。在水下拍摄大白鲨的摄影师告诉我们，大白鲨一旦把黑色的背鳍露出水面，就说明危险临近，人们要做好应对准备了。大白鲨也有把头部伸出水面探查的习性，这说明它们也有好奇心。“我见过很多这样的鲨鱼，它们好像对自己的体型优势并不知情，”柯蒂斯说，“有时候它们会探出水面，它们不知道你是谁，所以它们会游到船底下，或是围着你转圈，有时候会跟着你游，你能清清楚楚地看到它们正在看着你。鲨鱼比我们想象中的聪明多了，尤其是大白鲨。”

大白鲨就是这样一种动物，很聪明，但是名声太差。在以后的日子里，大白鲨会继续用它的速度、力量和满嘴的尖牙震惊我们。你在游泳的时候肯定不想吸引它们的注意力。

伊恩·叶文德

大白鲨一般喜欢温和的或较为凉爽的海域，这种环境能够有利于加速新陈代谢、保持体温的能力，可以加速它们的肌肉活动，让它们游得更快。

很多鲨鱼都会一种不寻常的胃部“魔术”：

可以看到大白鲨的地方

四个能观赏海洋里最神秘的生物的地方

南非的海豹岛

（Seal Island, South Africa）

南非的船只喜欢拖着鱼饵引诱鲨鱼，让它们从海里跳出来。鲨鱼在正常捕食时也会这么做。大量的鲨鱼跳出水面三米高，这绝对是很赞的画面。四月到九月是观赏鲨鱼的最佳时期。

墨西哥的瓜德罗普岛

（Isla de Guadaloupe）

这座火山岛距离墨西哥150英里远。那里水质清澈，观光船上配有笼子，这是为了在海下10米深的地方安全地观赏鲨鱼而准备的。鲨鱼会捕食当地的海狗。最佳的观赏时间是八月到十月。

加利福尼亚的法拉隆群岛

（Farallon Islands）

从旧金山往太平洋方向走30英里，你就能到达这个美国最大的海鸟保育区了。这里是海象的家园，而海象吸引了大白鲨来此觅食。海象的体积已经够大了，但是鲨鱼比它更加庞大，鲨鱼吞海象也是非常激动人心的一幕。建议你九月到十月份去参观。

大白鲨和人类

大白鲨确实袭击过很多人类，但它们并不是把人类当成了食物，而是被我们游动时有节奏的身体律动吸引来的。大白鲨的很多袭击其实只是“试咬”，它们不知道人类这种奇怪的生物到底是什么，所以用嘴来咬着试试看。但对大白鲨来说，人类的骨头太多了，不太好消化，所以它们咬一口就吐掉了。

但对于游泳者来说，被鲨鱼咬一口可是致命的。那血盆大口里密布着 300 颗三角形的尖牙，所以被大白鲨咬一口可是不开玩笑的事。如果您不幸被大白鲨攻击了，建议您击打它敏感的鼻子、眼睛和腮部来击退它。但是大白鲨在任何猎物面前都是主宰者，所以最安全的方法就是避开大白鲨的活动区域。

南澳大利亚的海王星岛（Neptune Islands）

这里是新西兰海狗的家园，距离阿德莱德市（Adelaide）140 英里。在每年的夏天和冬天，这里都有大白鲨，但是据说最庞大的大白鲨会在十一月到二月份出没。这里是电影《大白鲨》的实拍取景地。

鲨鱼的感知能力

有了大自然的馈赠，谁还用得着声呐？

它们也许没有叶子状的耳朵、两条腿以及密密麻麻的鼻毛，但是大白鲨拥有所有的感知能力，甚至比人类更多。这些感知能力让它在不同的环境中生存，让它在大海里畅行无阻、有效地捕捉到食物甚至帮它探测到潜在伴侣释放出的信息素[①]（pheromones）。

嗅觉和味觉

大白鲨最敏锐的就是嗅觉，它的嗅球是所有鲨鱼中最大的，相当于脑部体积的三分之二，所以它的鼻子非常灵敏。大白鲨能够闻到100亿滴水中的一滴血，这让它能够找到已经受伤且容易捕食的猎物。

视觉

鲨鱼的视力不好？这是谣言。大白鲨具有跟人类完全一样的视杆细胞和视锥细胞，这让它能够看到很多颜色，甚至我们都不知道它们是怎么看到的。大白鲨没有眼睑，甚至连瞬膜[②]都没有，但是它在攻击猎物时会把眼睛转回到眼穴里。

触觉

和所有的鱼一样，大白鲨的体侧也有一条侧线，这条侧线可以感知由水传导的运动和振动。侧线里充满了凝胶状的物质，里面布满了小茸毛，茸毛连接着皮肤下的神经。当压力波接触到胶状物时，里面的茸毛就会收缩，把信息传递到神经处。

听觉

大白鲨的耳朵不算灵敏，但是声波在水下传递得很好。我们从大白鲨的外部只能看到眼睛后面的两个小洞，这就是它的耳朵。大白鲨能够通过声波探测到200米外的动静。大白鲨的内耳是充满了流体的耳道，这和人耳很相似，这种结构能让大白鲨保持平衡和三维的方向感。

电子信号

每个活着的生物都能在自己周围产生一个电场。鲨鱼能够通过它的劳伦氏壶腹探知到生物的电场。劳伦氏壶腹指的是鲨鱼头部皮肤上的毛孔，这些毛孔里充满了胶状物质。它能感知到十亿分之五伏特的电流，也能够测量温度。所以毫不夸张地说，壶腹就是鲨鱼感知世界、寻找猎物的第六感。

大白鲨能够嗅到100亿滴水中的一滴血，这让它能迅速找到受伤的猎物。

① 信息素：指的是由一个个体分泌到体外，被同物种的其他个体通过嗅觉器官（如副嗅球、犁鼻器）察觉，使后者表现出某种行为，情绪，心理或生理机制改变的物质。它具有通信功能。
② 瞬膜：指内眼角处在泪阜与眼球之间的结膜襞，又称“第三眼睑”。它可以遮住角膜，借以湿润眼球。

鲨鱼导航

鲨鱼自己就是天然的智能导航，但它是如何做到的呢？

大白鲨可以在不同的捕食点之间游动，但没人知道它们是如何做到的。因为它们能够在黑暗中找到路，所以人们认为鲨鱼不仅仅用视觉进行导航。人们对它的导航方式做了很多猜想，包括在心里绘制并记下海底的地图，以及在游动时感知地球的磁场。

在 2005 年，人们记下了一只鲨鱼的运动轨迹。它从南非游到了西澳大利亚，然后又回到了南非，全程超过了 1.1 万英里，但是只用了九个月。也有这样一种可能，鲨鱼随意选择了前进的方向，但是返程时它能规划并记下要回到哪里。

海洋霸主的危险境地

除非我们采取有效的措施，否则海洋霸主的未来将是黑暗的。

世界上有一种生物喜欢吃鲨鱼，他们把鲨鱼从海里拖出来，以前所未有的速度消费着鲨鱼，对，他们就是人类。但是也有一部分人呼吁在鲨鱼永远消失前拯救海洋中的它们。

“鲨鱼和它们的近亲是地球上最受威胁的脊椎动物之一，”阿里·胡德（Ali Hood）介绍说，他是英国唯一的鲨鱼保护组织“鲨鱼信托”（The Shark Trust）的负责人。“鲨鱼在很多方面都处在危险的境地，很多种类的鲨鱼已经濒临灭绝。在最新的报告中，超过四分之一的鲨鱼和鳐鱼被列为濒危物种。”

鲨鱼肉和鲨鱼鳍是商业捕鱼的目标。但有时候捕捞船队的目标是其他的鱼类，鲨鱼只是副捕获物，所以被捕之后的鲨鱼会被扔回海里。但大多数时候，鲨鱼在被救之前就会在拖网渔船的甲板上窒息而死。

“很多种类的鲨鱼面临着糟糕的境况，”胡德说，“大型扁平的鲨鱼种类是最濒危的，它们很容易被抓住，所以过度捕捞对它们的打击最大。我们看到很多物种已经濒临灭绝，比如扁鲨。在广阔的海岸线周围的海域，扁鲨已经区域性灭绝。”

游得很快的鲨鱼也没能幸免于难。胡德说：“一些高端品种的鲨鱼，如短鳍灰鲭鲨和鼠鲨，在市场上很受欢迎，相比箭鱼和金枪鱼，它们的肉更昂贵。某些种类的鲨鱼是廉价蛋白质的来源，在市场上也很受欢迎。如巴西的鲨鱼市场正在不断发展，而欧洲对鲨鱼的需求也很多。尤其是意大利消耗了大量的鲨鱼。”

西班牙是第二大捕鲨国，但欧洲也许会改变对待鲨鱼的方式。“欧洲有很大的可能性会保护鲨鱼并管理捕鲨活动。”胡德说，“在2013年，欧洲修订了有关割取鱼鳍的法案，法案要求在卸船时所有鲨鱼的鱼鳍都必须是‘自然附着’于鲨鱼身体，这就填补了之前的法律漏洞。欧洲正在为鲨鱼的完整卸载振臂疾呼，但是公海管理机构的工作方式是‘协商一致’，而有些国家并不遵守这条法案，它们宁愿没有这条法案。”

人类是鲨鱼最大的敌人，但还是有很多人在采取行动帮助鲨鱼，确保它们不会灭绝。站在鲨鱼的角度看，我们希望这些人能胜利。

虽然加强了管理，但是很多物种仍然面临着巨大的危险，超过四分之一的鲨鱼种类已被列入濒危物种。

肝油

这种叫鲨烯的物质在化妆品里很常见。它采自鲨鱼的皮肤，可用作润肤膏。但是鲨鱼是用它来提供浮力的，因为鲨烯比水轻。所幸现在已经找到了鲨烯的植物替代品，人们对鲨烯的需求大幅下降了。

肉

人类对于鲨鱼肉的需求正在不断上升，现在在超市已经能看到鲨鱼肉了，它们一般会被标为角鲨或鳗鱼。鲨鱼肉也会用于制作某些复合鱼制品，如蟹棒和鱼糕。它们也会被做成动物饲料和肥料。

软骨

粉末状的鲨鱼软骨被作为补品在市场上贩卖。据说它有治疗关节和皮肤疾病的功效。但是没有任何的临床证据表明软骨有这样的功效。

皮

由于鲨鱼皮非常持久耐用，它被用于制作皮革已有数百年的历史。没有经过鞣制①加工的鲨鱼皮被用于家具制作中的砂纸，被称为“鲨革”。它也可用于书籍装帧。

牙齿

在捕鲨区，鲨鱼的牙齿在纪念品商店里非常常见。它们往往被单独贩卖或被制成珠宝贩卖。大白鲨是《濒临绝种野生动植物国际贸易公约》中的保护动物，但一只大白鲨的整口牙齿可以卖到5000英镑左右。

① 鞣制：通过鞣剂使生皮变成革的物理化学过程称为鞣制。

你问我答

怎么给鲨鱼安追踪器?

如果想给鲨鱼安个追踪器，必须沉着冷静，还需要一根超级长的杆子

要想追踪鲨鱼的活动，就得在它的体内安装个追踪器，追踪器会向地球上空的运行卫星传递信号。但是把追踪器装到6米长的大白鲨体内可不是易事，人家可是食物链顶端的捕食者。鲨鱼的皮肤摸起来非常粗糙。它除了有一般的鱼身上的鳞屑之外，还有千千万万个像牙齿一样的结构，这种结构叫“皮质鳞突”（dermal denticles），能让鲨鱼呈流线型，在水中游得更快。

把追踪器安进鲨鱼体内的确很难，但也不是不可能。美国国家和海洋大气管理局的托比·柯蒂斯介绍说，“如果你在出海时碰到了大白鲨，它们也许根本就没注意到你的小船，因为它们的目标是海豹。”柯蒂斯接着说，“很多时候我们会把鱼饵伪装成形似海豹的东西，这样大白鲨就会被吸引过来，然后咬住它，它们一旦游过来你就可以把装有追踪器的长杆甩出去，刺进鲨鱼的皮肤里。”

但我得提醒你，你首先得找到一条鲨鱼。“在科德角（Cape Cod）附近，我们使用了观测仪，”柯蒂斯说，“在多沙的浅水区，当你飞过它们的上方时，它们就会很显眼地在水面游动，然后我们的追踪船就能过来了。给大白鲨安追踪器其实比很多物种都容易。因为给其他物种装追踪器需要钩子和绳子。大白鲨就省事多了，你只需要悄悄靠近它就行了。”

“在鲨鱼灭绝之前，我们必须开始保护它们了。”阿里·胡德说

我们该如何保护鲨鱼?

鲨鱼保护组织“鲨鱼信托”（The Shark Trust）在开展一项名为“没有限制就没有未来”的宣传活动，号召人们停止毫无控制的捕鲨活动。

“公众参与对于鲨鱼保护工作至关重要，”鲨鱼保护组织“鲨鱼信托”的负责人阿里·胡德说，“‘没有限制就没有未来’，我们想马上制止毫无控制的捕鲨活动。”

在2012年，超过28万吨的鲨鱼被捕上岸。但是实际的捕鲨量比这要多得多，因为这个数字并不包括在公海中被屠杀的鲨鱼。“这就是为什么我们倡导限制捕鲨，我们是有科学依据的。”胡德说，“这些科学依据会被提交到欧盟委员会（the European Commission）或当地的渔业管理部门。”

这项宣传活动旨在保护大青鲨（blue sharks）、短鳍灰鲭鲨以及近海水域的星鲨、猫鲨和翅鲨。近年来，由于对其他种类鲨鱼捕捞的管控，加上某些传统捕捞种类的鲨鱼数量下降，渔民们为了丰富捕捞的鲨鱼种类，转而对一些小型的近海鲨鱼下手。

“我们要强调一点，虽然某些鲨鱼的数量相对较多，但是如果不加管控，它们的数量也会下降，就跟大青鲨的命运一样。”希尔说。

十年来，欧洲捕捞船从大西洋中捕获的大青鲨翻了三倍。纵观全球，在2003年，捕鲨量达到了巅峰，之后有所回落。但是欧洲捕杀大青鲨的情况跟这一样。希尔接着说：“为了拥有可持续的未来，我们必须要了解鲨鱼的数量，然后有效地管控它们的数量。这是符合逻辑的。在它们彻底灭绝前管控它们的数量。”

129

BROWN'S PATENT TELEMOTOR
140

148

146

150

4 海洋探索

十大著名海底沉船

全世界的海底散落着数百万艘沉船，我们介绍其中最引人注目的十艘沉船

10 永嘉拉号

野生生物喜爱的沉船

永嘉拉号停泊在大堡礁（the Great Barrier Reef）附近航线的海底，现在已经成为水下生物的聚居地。在这艘遍布珊瑚的沉船中，人们可以常常看到梭鱼（barracudas）、巨型石斑鱼（giant groupers）、鳐鱼、海龟、鲨鱼、海蛇以及其他一系列的海洋生物。作为世界最佳浅水地之一，人类也常常光顾这艘沉船。

对于永嘉拉号来说，日子并不总是那么顺心。这艘船是在英格兰为阿德莱德轮船公司（The Adelaide Steamship Company）制造的。它的名字来源于一个土著词汇，意思是“好水”。永嘉拉号是钢木结构的，在1903年正式投入运营。它往返于澳大利亚周围的几条航线，既可用作运客又可用作运货。1911年，这艘船遭遇了热带气旋，当时它距离目的地昆士兰州（Queensland）的汤斯维尔市（Townsville）还有90千米。政府以为永嘉拉号跟其他船一样躲避风暴去了，所以并没有在意。直到几天后才惊觉永嘉拉号出事了，但是为时已晚。船上的122条生命全部罹难。政府组织搜寻时也没有找到永嘉拉号，只有部分残骸被冲回了岸上。虽然永嘉拉号有109米长，且只沉到了海平面30米以下的地方，但是直到1947年人们才发现了它的遗迹。1947年，澳大利亚皇家海军舰艇（HMAS）拉克兰号探测船发现了它，怀疑它为永嘉拉号。直到1958年当地渔民比尔·柯克帕特里克（Bill Kirkpatrick）开始详细地探索这片区域时，才正式确定这就是永嘉拉号沉船。

这艘沉船的身份能被正式确定，是因为里面的保险箱上的一组序列号。

永嘉拉号腐蚀较为严重的区域的一幅360度全景照片

09 腓尼基古船

这艘沉没在地中海的沉船是不是世界上最古老的沉船？

2014 年的遥感勘探偶然发现了世界上最古老的沉船之一。这是一艘腓尼基商船，它的历史可以追溯到公元前 700 年。人们在戈佐岛（Gozo）的马耳他岛（The Maltese island）附近约 3 千米的位置发现了它。这艘 15 米长的船沉没在 125 米深的海底。它的具体位置还没有公开，针对它的研究还在继续。

沉船上的葡萄酒痕迹说明它的年代久远。专家们认为它大概有 2700 年的历史。来自法国资助的“格罗计划”（Groplan）的水下考古学家发现了 20 块磨石，每块重达 35 千克。还有 50 个盛酒的两耳细颈酒罐，它们有 7 种不同的样式，由此可以判断这艘船出海已久，去过很多地方。专家猜测它沉没时的航线是从西西里岛到马耳他。

探测队用 8000 张图片构建了一个高清的 3D 模型，并正在尝试在模型的表面添加更多的细节。

这次发现意义重大，因为我们对腓尼基人知之甚少。他们生活在古代的黎巴嫩，是主要的航海贸易商。在公元前 1500 年到公元前 300 年，他们的造船技术世界领先。

08 蓝蓟花号

红海（the Red Sea）海底的交通博物馆

卡车、摩托车、吉普车、坦克甚至是火车，你能在这艘沉船上找到几乎所有种类的交通工具。这艘沉船就是蓝蓟花号，它是一艘英国的货运船。蓝蓟花号于 1940 年在桑德兰（Sunderland）建成，是一艘由高射炮全副武装的军火船，主要用于“第二次世界大战”期间的军火运输。在那个被战争摧残的世界里，这艘船曾到达过美国、阿根廷及西印度群岛（the West Indies），后被派往埃及的亚历山大港（Alexandria）。蓝蓟花号的任务是向同盟国的第八军团补给军火，所以当时船上载有弹药、布朗式轻机枪以及贝德福德卡车、装甲车、诺顿 16H 和 BSA 型号摩托车以及至少两个蒸汽火车车头。蓝蓟花号为了避开由轴心国控制的地中海区域，绕道开普敦（Cape Town）。在驶向红海的过程中，敌军在苏伊士运河（the Suez Canal）处封堵，所以船队躲进了赫尔格达（Hurghada）附近的古泊尔海峡（the Strait of Gubal），等待敌军被清理干净后再上路。但是这些停泊的货船引起了路过的德军轰炸机的注意。纳粹德国空军（the Luftwaffe）瞄准了船队中最大的货船蓝蓟花号，并投射了两颗炸弹。炸弹引爆了船上的枪支弹药，导致了剧烈的爆炸。两个火车头被炸入附近的海域，很快，蓝蓟花号也随之沉没，但其中没有引爆的货物仍然完好无损。神奇的是，船上的 41 名船员只中有 9 人遇难。这艘沉船大概在海下 30 米处，1955 年，雅克·库斯托（Jacques Cousteau）发现了它，从此之后蓝蓟花号闻名于世。20 世纪 90 年代之后，这艘沉船逐渐成为红海中的最好的潜水目的地。

蓝蓟花号建成于 1940 年，是“第二次世界大战”时期全副武装的海军供给船。

一个 LMS 斯坦尼尔·经典 8F（Stanier Class 8F）蒸汽火车头在爆炸时炸坏了蓝蓟花号的甲板

一幅描绘中美洲号沉船场景的现代绘画作品。

07 中美洲号

几乎打垮经济的沉船

中美洲号的沉没并不寻常。它的沉没不仅导致426人遇难，而且引发了一场美国的金融危机。这艘船舷式明轮蒸汽机船号称“黄金之船”，在加利福尼亚的淘金热中起到了重要的作用。大约三分之一的黄金是通过这艘船穿梭于纽约、旧金山和巴拿马的。但是到了1857年，淘金热慢慢地冷却了下来，纽约的银行因过度的风险投资而日趋衰败。

这些银行急需现金供应，所以就叫来了中美洲号。于是中美洲号带着20吨的黄金从巴拿马出发了。但不幸的是，距离南加利福尼亚300千米处发生了飓风，中美洲号永远也没有到岸。虽然船体历经两天时间才完全沉没，但当时的天气太糟糕了，最终只有206人逃过死劫。而那些银行也没有得到它们的黄金，这就导致了“1857年的大恐慌”。

1988年，寻宝人汤米·汤普森（Tommy Thompson）找到了中美洲号，带回了价值5000万美元的黄金。但很快，他遭到了39家保险公司的起诉，保险公司声称它们曾经买下过这些黄金，所以黄金应属于它们。但法院站在了汤普森这一边，他享有92%的黄金。而汤普森的投资者声称没有得到他们应有的报酬，汤普森在2012年逃跑了，于是投资者到处找汤普森。终于在2015年找到了汤普森。现在汤普森正等待着开庭。而与此同时，奥德赛打捞公司正在中美洲号里打捞更多的黄金。

虽然船体历经两天时间才完全沉没，但当时的天气太糟糕了，最终只有206人逃过死劫。

本图是安东尼书卷中描绘的玛丽·露丝号，这一书卷记载了 1545 年亨利八世的海军盛况。

06 玛丽·露丝号

它是亨利八世的战船，英国对法战争的见证者。

作为都铎王朝[1]的战船，玛丽·露丝号在 34 年间历经了三场战争，最终在与法国的一场战斗中沉没于朴茨茅斯（Portsmouth）。它是世界上唯一一艘沉没后被展出的 16 世纪的战船。玛丽·露丝号建成于英国海军扩张期，在亨利八世的新建皇家海军中起到了重要的作用。

这艘战船于 1512 年与法军第一次交战，在 1545 年索伦特海峡（Solent）战役中沉没。但是它为何会如此不堪一击至今仍是个谜团。玛丽·露丝号沉没的速度非常快，400 名船员中的 25 人不幸遇难。人们猜测玛丽·露丝号之所以沉没是因为人为疏忽、暴风天气以及船体超载。

1971 年，亚历山大·麦基（Alexander Mckee）找到了这艘沉船。在 500 位身强体壮的志愿者的数年努力下，这艘沉船的右舷及四层的船体终于在 1982 年重见天日，整个打捞工程共耗资 400 万英镑。

人们共打捞出了 1.9 万件文物，包括骨架、武器、玩具等。浸水船体的保存工作需要花费很长时间，届时船体会在朴茨茅斯的玛丽·露丝号博物馆展出。

玛丽·露丝号在亨利八世的新建皇家海军中扮演了重要的角色。

---

① 都铎王朝：伯爵亨利·都铎于 1485 年 8 月，在法国援助下杀死理查三世，夺取王位，建立都铎王朝，史称亨利七世。都铎王朝统治英格兰王国直到 1603 年伊丽莎白一世去世为止，历经 120 余年，共经历了六代君主。

05 瓦萨号

世界上最大的考古发现的船舶，它才走了一千多米就沉没了。

17 世纪的瑞典战船瓦萨号因为炮门进水而沉没。与英国的玛丽·露丝号一样，这艘船也是由大规模的考古活动发现的，其中的文物也陈列在博物馆中。但是瓦萨号的服役时间确是历史上绝无仅有的。这艘船建造于 1626 年，是当时公认的最强大的战船。当时的瑞典国王古斯塔夫二世热衷于扩张领土，在他在位的 21 年中，有 18 年都是在对外作战，他还梦想着瓦萨号能为他开疆辟土。

1628 年，瓦萨号终于建造完成，准备下水试航了。但是船长警告说，这艘船的比例并不均衡，可是没人听从他的警告，船还是下水了。在人们的欢呼中，瓦萨号从斯德哥尔摩港湾（the Sodermalm cliffs）启航了。但是好景不长，瓦萨号才走了 1300 米就突然沉没了。船上的 150 人中有 30 人死于这场灾难。

和玛丽·露丝号一样，当时人们也试图把它打捞上来，但是无济于事。就这样，瓦萨号在海下沉睡了数百年。直到 1956 年，瓦萨号才再次被发现。发现者是业余考古学家安德斯·弗兰岑（Anders Franzen）。1961 年，他与瑞典海军、海洋博物馆以及海神打捞公司一起将瓦萨号打捞了上来。现在，瓦萨号正陈设在斯德哥尔摩的一家专门为它而建的博物馆里。每年都有 100 多万人前去参观瓦萨号。

瓦萨号航行了 1300 米就沉没了。船上的 150 人中有 30 人死于这场灾难。

在海底沉睡了 333 年后，瓦萨号才重返陆地。

04 盖尔索帕号

历史上沉地最深、贵金属装载量最多的沉船

英国的蒸汽船盖尔索帕号为我们留下了深刻的教训：绝对不要落单，否则会有危险！“第二次世界大战”期间，这艘船从加尔各答（Calcutta）驶往利物浦（Liverpool），当时船上载有约 700 万盎司①的白银。不幸的是，盖尔索帕号被一艘德国 U 型潜艇发射的鱼雷炸沉，最终沉到了 4700 米深的海底。船上 85 名船员只有一人生还。

作为一艘商船，盖尔索帕号在 1941 年的那次航行是有护航船的。但是由于天气恶劣，加上燃料不足，盖尔索帕号不得不与大部队分开，前往位于中立国爱尔兰的西海岸城市戈尔韦（Galway）补给燃料。但在距离目的地 500 千米的海域，德国的 U 型潜艇把它炸沉了。在德军的机关枪扫射下，商船的二副理查德·艾尔丝（Richard Ayres）带着 31 位船员乘救生艇逃难。经过 13 天的艰苦跋涉，船上只有 7 人活了下来，终于看见了陆地。那里是康沃尔郡（Cornish）的海岸附近。但救生艇在那时沉没了，4 位船员被淹没。剩下的人在海水中挣扎，最终只有艾尔丝一人幸免于难。

历史的年轮转到了 2010 年，英国政府与美国奥德赛海洋勘探公司签订了独家合同，委托该公司搜寻盖尔索帕号沉船。奥德赛公司动用了先进的机器人搜寻到了这艘沉船。截至目前，该公司已经打捞出了 2729 块银锭，相当于 110 吨白银。根据合同，在除去奥德赛公司的花销后，英国政府可以获得 20% 的沉船宝藏。在 2014 年，英国政府将其中的一部分白银制成了纪念银币。

截至目前，该公司已经打捞出了 2729 块银锭，相当于 110 吨白银。

大量的白银从 4700 米的海下捞出，这个深度比泰坦尼克号沉没的地方还要深 1000 米。

① 盎司：既是重量单位又是长度单位。一盎司约为 28.3495 克。

03 海洋之花号

这艘价值最高的沉船至今仍下落不明，吸引着寻宝人继续搜寻

这艘名为海洋之花号的葡萄牙帆船载有价值数十亿的宝藏，是海下寻宝者最想找到的沉船之一。据说，这艘16世纪的船上载有60吨工艺精美的金器和200箱宝石，其中还包括很多拳头大小的钻石。海洋之花号是人们公认的最具价值的沉船。这艘船建于1502年的里斯本（Lisbon），在最后一次航行中，它的任务是把宝藏从印度殖民地运回葡萄牙。

海洋之花号的第一任船长是埃斯特沃·达·伽马（Estavao de Gama），他是瓦斯科·达·伽马[①]（Vasco）的侄子，曾带领海洋之花号两次前往印度。之后，该船被葡萄牙帝国的开拓者阿方索·达·阿尔伯克基（Alfonso de Albuquerque）掌管。他带领包括这艘船在内的葡萄牙殖民者在1510年征服了果阿（Goa），在1511年征服了马六甲（Malacca）。但是在带着丰厚的战利品返回葡萄牙的路上，海洋之花号遭遇了暴风雨，沉没于苏门答腊岛附近的马六甲海峡。自那以后，海洋之花号沉到了哪里就成了个谜。

一些人认为，在16世纪时该船就已经被当地人打捞上岸了，但即便如此，搜寻者们的热情依然不减。印度尼西亚总统苏哈托（Suharto）曾耗资2000万美元搜寻该船的下落，但是一无所获。后来苏哈托雇用了美国寻宝人罗伯特·马克思（Robert Marx）继续寻宝。罗伯特声称在3天内就找到了这艘沉船，但消息一经传出打捞工作就停止了。很多国家向海牙国际法庭主张对该船的所有权，此案至今悬而未决。很多人质疑罗伯特在说谎，因为很多打捞公司还在马六甲海峡搜寻着这艘船的下落。

据说，这艘16世纪的船上载有60吨工艺精美的金器。

位于马六甲的马六甲海洋博物馆展览着海洋之花号的复制品

① 瓦斯科·达·伽马：（约公元1460—1524年）开辟西欧直达印度海路的葡萄牙航海家，早期殖民主义者。

02 旧金山丸号

“第二次世界大战”时期日本的水下“幽灵舰队”中装备最佳的沉船。

日本货船旧金山丸号沉落在密克罗尼西亚的楚克泻湖（Micronesia’s Chuuk Lagoon），这艘船是世界上所有沉船中装备最多的，它是名副其实的兵工厂。船上装备有炸弹、卡车、鱼雷和地雷，甚至有重达 7 吨多的 3 人座 95 式轻型坦克。更确切地说，整片楚克泻湖区可谓是世界上装备最多的海底。

这是因为这片区域曾在“第二次世界大战”中发挥了重要的作用。这片遥远的群岛位于澳大利亚东北方向 2,500 千米处。日本帝国海军联合舰队曾驻扎在此地。1944 年，美国对该地发动了“冰雹风暴”空军海军联合作战行动，那次行动让这个基地化为一片废墟。很明显，美军偷袭了日军，因为当时很多船还停靠在岸边。这次偷袭造成的破坏是触目

惊心的。日军损失了一艘潜水艇和几十艘军舰，包括四艘驱逐舰和270架飞机。

被炸沉海底的“幽灵舰队”基本保持了当年的原貌。1969年，雅克·库斯托（Jacques Cousteau）拍摄了这片区域。从那以后，这里便成为了潜水者的天堂。在这里，你可以看到歼击机、坦克、鱼雷以及成千上万的“第二次世界大战”装备遗迹。它们大多散落在浅水区。但是旧金山丸号才是整个舰队的精华，它被称为“百万美元沉船”。这艘船建成于1919年，在退役后负责运输军事物资。后来，这艘排水量5,800吨的船被美国空军投掷的一颗500磅的炸弹击沉。旧金山丸号现在沉落在水下45米至63米的地方，里面有大量的军需品和交通工具。

日军损失了一艘潜水艇和几十艘军舰，包括4艘驱逐舰和270架飞机。

这是旧金山丸号上的一艘95式轻型坦克，上面已经覆盖了37毫米厚的铁锈，它还停留在原来被击落时的位置

01 泰坦尼克号

世界上最著名的船

泰坦尼克号是由白星航运公司在贝尔法斯特（Belfast）建造的。尽管它航行的时间非常短，但它也许是有史以来最著名的船。1912年，泰坦尼克号开启了它的处女航，从南安普敦（Southampton）出发前往纽约。这是有史以来体型最大、航行速度最快、装修最奢华的远洋邮轮。

那还是在战争之前，美国非常富足，吸引着大量的移民。泰坦尼克号上的2,200多位乘客和船员来自各个阶层，是当时社会的生动写照。

泰坦尼克号的一等舱要价870英镑，这相当于今天的7.2万英镑。虽然如此昂贵，它还是吸引了大量的贵族、政客甚至是默片明星。这多多少少让我们感到惊讶。据说，曾为建造泰坦尼克号提供资金的金融家JP摩根（JP Morgan）本来也应搭乘该船，但是他在最后一刻取消了行程。

我们都知道，泰坦尼克号永远也到不了纽约。在出发4天后，泰坦尼克号航行在北大西洋上。当天晚上11点40分，船员发现了前方的冰山并迅速发出警报。但是在短短的一分钟内，泰坦尼克号就撞在了冰山上。在不到3个小时的时间里，泰坦尼克号

就沉没到了大西洋 3,800 米下的海底深处，共有 1,500 人罹难。

1985 年，美国地质学家罗伯特·巴拉德博士（Dr Robert Ballard）在离纽芬兰（Newfoundland）600 千米的海下发现了沉船。泰坦尼克号已经断成了两截。

当时，巴拉德博士正带着伍兹霍尔海洋研究所（Woods Hole Oceanographic Institution）组成的队伍执行一项勘探任务。这是一项由美国海军资助的秘密冷战任务，旨在搜寻两艘失事的核潜艇。泰坦尼克号最初是由伍兹霍尔海洋研究所装有无人摄像机的阿格号滑车发现的。一年后，巴拉德博士乘坐载人的阿尔文潜水设备再次勘探了泰坦尼克号。

此后，很多研究者和专家都来勘测过这艘沉船。他们从这座海底墓地里找出了 6,000 件文物，从整套的餐具到沉船的汽笛，应有尽有。专家预测，泰坦尼克号的老化速度在加快，可能会在未来的五十年里彻底崩塌。

所幸泰坦尼克号的遇难者并没有白白牺牲。这场灾难为后来的航海安全带来了诸多启示，大大改善了航行的安全性。如从那以后要求所有的船舶必须装备足够每个人逃生的救生船。

安德鲁·韦斯特布鲁克

探险队的领导成员，从左到右依次为：来自海洋开发研究院（IFREMER）的让-路易斯·米歇尔（Jean-Louis Michel）、美军中尉乔治·雷（Lt. George Ray）、海洋开发研究院的珍·杰里（Jean Jerry）、鲍勃·巴拉德（Bob Ballard）以及海洋开发研究所的伯纳德·皮奥德（Bernard Pillaud）

这是泰坦尼克号左舷侧的船首，是由伍兹霍尔海洋研究所的遥控装备“小詹森号”拍摄的

减压病可以致死：如果减压不当，血液中溶解的气体会从血液中冲出来，形成气泡。

水下的生活

一个人如何揭开深海的秘密？

今天，我们对令人惊叹的深海画面已经习以为常，甚至对娱乐性大于探索性的潜水也司空见惯。但是在70多年前，这些都是不可想象的。那时候的海底是一个神秘的世界，只有两肺容量的氧气量和海底的大气压让我们对海底望而却步。要想真正地探索占据地球三分之二面积的海洋，一个人必须有超人的洞察力、眼界和热情。这个人就是雅克－伊夫·库斯托（Jacques-Yves Cousteau），他是一位探险家、纪录片制片人、海军军官，还是“水肺”（Aqua-Lung）的投资人。1910年，库斯托出生在法国的一个小乡村。库斯托在他的孩童时代就展现出了能够成就他传奇人生的品质。他在四岁时就学会了游泳。后来他又对机械修理着了迷。为了搞懂摄影机的工作原理，他甚至亲手拆了一个摄影机。再后来，他去了法国海军学院（the French Naval Academy）继续学习，成为一名炮兵，后来又被培训成了飞行员。

“从出生之日起，一个人就始终被地心引力束缚着。但是当他潜入水下时，他就自由了。”

1933 年，库斯托迎来了人生和事业上意想不到的转折点。那时候的他遭遇了严重的车祸。这件事让他从天上来到了海下，使他在不久之后便投身于对大海的探索。

作为法国海军在土伦[1](Toulon ）服役时，库斯托每天都会在海水中游泳，这是他漫长的康复训练的一部分。那时候有位朋友送了他一些潜水镜，他第一次清晰地看到了水下的世界。这激发了他对海洋的兴趣。但是他仍然缺少能让他真正探索深海的装备。

战争与和平

1940 年，法国向纳粹德国投降。在此之后，库斯托搬去了勃朗峰脚下的梅杰夫小镇。在那里，他和朋友研发出了第一个水肺，或者说“自携式水下呼吸装置”。他们吸收了水下呼吸器探索者的经验，改进了汽车发动机的燃料调节器。这个装置可以让潜水者根据自己的呼吸需要控制压缩空气的流量。

在那段时间，库斯托拍摄了人生中第一批水下纪录片，包括《通过水下 18 米》（*Par Dix-Huit Mètres De Fond*）和《沉船》（*Épaves*）。后来他还参与了法国保卫战，执行了一次针对意大利间谍的突击任务。由于他非凡的勇气，他获得了很多荣誉，包括“法国荣誉军团勋章”。

战争结束后，库斯托和他的同事们被委派组建法国海军的水下研究组，负责清理地雷、开展实验、观测海洋。

① 土伦：法国东南部的港口城市。

碟形潜水器

库斯托需要发明一种设备把梦想变成现实。碟形物给了他灵感……

SP-350 丹尼斯潜水器被人们爱称为“碟形潜水器”，它是由库斯托和让·莫拉尔（Jean Mollard）在法国海底研究中心（the French Centre for Undersea Research）发明创造的。1959 年，该设备第一次下水成功。在库斯托的旗舰卡里普索号上，这个钢结构的碟形潜水器被吊车置入大海。它的直径不到 3 米，可以容纳两位科考人员。它可以安全地下潜到海下 350 米的地方，每次可以让科考人员连续探索并拍摄 5 个小时。这种钢结构使得该设备能承受每平方厘米 90 千克的压力，这相当于海下 900 米的压力。电动水刺头为它提供推力，而外部的机械操作臂可以让科考人员抓取海中的物体并对之进行考察。这艘碟形潜水器已经下潜了 1,500 多次。科学家在碟形潜水器的基础上又发明了两个体型稍小的设备——“海跳蚤”。它可以下潜到海下 500 米的地方。

重写历史

1948 年，库斯托参与了对罗马沉船马赫迪亚号（Mahdia）的水下探索。在 1907 年的突尼斯海岸，一位希腊渔民首次发现了这艘沉船。此举揭开了海下考古学历史上的新篇章。

在这次探索结束不久后，库斯托从法国海军退役并成立了法国海洋活动组织（the French Oceanographic Campaigns organization）。他将一艘名为卡里普索号（Calypso）的旧扫雷艇改造为他的潜水设备，这艘潜艇成为他日后几十年探索海底世界的大本营。1953 年，他出版了人生中的第一本书《静谧的世界》（*The Slient World*），这本书对于他钟爱的海洋事业具有重要的意义。不久后，同名的电影上映。

在接下来的岁月里，库斯托一直致力于水下探索。他拍摄了大量的水下影片。1959 年，他又推出了新的发明，被称为“碟形潜水器”的 SP-350 丹尼斯潜水器。这是一台专门为

1959 年，碟形潜水器第一次下水成功。从那以后，它已经下潜了 1500 多次，大大增进了人类对于海洋的了解

海下的科学考察设计的，这使得更多的人能够去探索深海生命的奥秘。在接下来的几十年里，库斯托制作了大量的电影。1968 年，他制作了轰动一时的纪录片《雅克·库斯托：海洋世界》（The Undersea World of Jacques Cousteau）的第一季，并发行了大量其他的纪录片和书籍。

永恒的财富

为了促进人们对于深海生态系统的理解和保护，库斯托在 1973 年成立了库斯托协会（the Cousteau Society）。1997 年，库斯托死于心脏病，享年 87 岁。但是库斯托协会继承了他的遗志。如今，协会已经拥有来自全球各地的五万多名成员。正如协会成员罗杰·韦达尔（Roger Vidal）所言：“库斯托协会将坚守他的愿景……我们会遵循他的原则……”协会的宗旨是“了解、爱和保护”。协会的定位是“先进的、全球的、永恒的”。协会的口号是“只有完成不可能完成的任务才会最终成功”。

库斯托在科技方面的贡献打开了新世界的大门，使人们去探索、去理解海下的世界。全世界的人民都可以看到他制作的电影。

大卫·博丁顿
（David Boddington）
科学作家
大卫的专业是生物学，曾在“探索和历史”频道工作，并为很多的出版物供过稿，现在是尤格斯播客[1]（Yogscast）的一员。

① 尤格斯播客：视频网站（YouTube）旗下的网络媒体。

潜水在数百年来的变革

最初，人们使用空心的芦苇在海下呼吸。如今我们已取得了长足的进步。

通气管

希罗多德（Herodotus）曾记载，在大约公元前 500 年，薛西斯一世时期的犯人赛克利斯（Scyllis）逃出了押解他的船，并利用空心的芦苇作为通气管躲在水下逃避追捕。晚上的时候，他切断了船舶的系泊绳索，逃之夭夭。

大锅

在大约公元前 350 年，希腊哲学家亚里士多德记录了一种原始的潜水钟。他说道：“这种大锅可以让潜水者在水下正常地呼吸。大锅会垂直下沉到海下，所以锅内不是水而是空气，这就能够让潜水者呼吸了。”

潜水镜

在 14 世纪，波斯的潜水采珠人利用简单的潜水镜来保护眼睛。这种眼镜不是玻璃制作的，而是由精心磨制过的龟甲制作而成。后来到了 16 世纪，这种潜水镜被传到了威尼斯，当地采集珊瑚的潜水者也开始使用这种潜水镜。

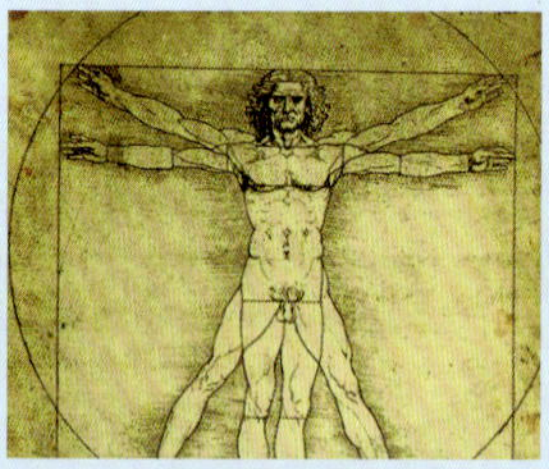

空气罐

世界上最智慧的发明家莱奥纳多·达·芬奇创造了空气罐。在 15 世纪，达芬奇在《亚特蒂堤斯抄本》中详细描述了这种设备，但是他也表示担忧，认为这种设备可能会被用于不法的勾当。

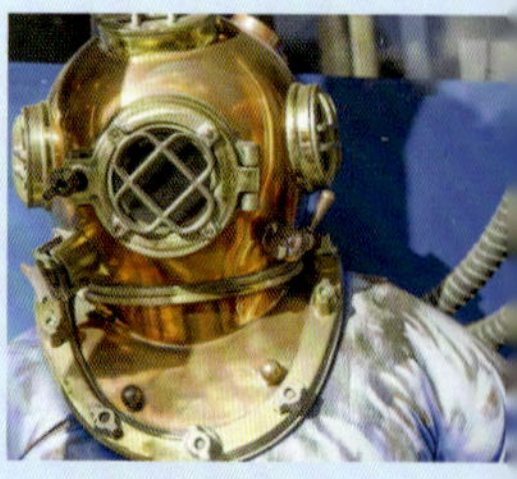

潜水衣

在 1715 年，法国贵族埃尔·雷米·德博夫（Pier Remy de Beauve）制作了第一套潜水衣。他是一位发明家，对海洋非常着迷。他设计的件潜水衣由不漏气的布料制成配有一个金属头盔和两根软管陆上的风箱会产生空气，然空气经由波纹管供给潜水员。

呼吸器

1808 年，拿破仑一世时期的海军技工图布尔克（Touboulic）制作了第一个氧气呼吸器。这个设备中装有空气储存器，潜水者可以通过闭合电路控制氧气的流量，而浸满石灰水的海绵可以用来处理二氧化碳。

潜水帽

1829 年，查尔斯和约翰·迪安（John Dean）设计了第一个带有气泵的潜水帽。这个帽子借用了消防队员的水泵来提供气流，并且配有骑士的盔甲。这种盔甲之前是用来在马厩着火时救马用的。由于这个帽子不是封闭的，所以它随时都有漏水的危险。

呼吸调节器和压力箱

在 19 世纪 60 年代，采矿工程师伯努瓦·卢卡罗（Benoit Rouquayrol）与海军军官奥古斯特·博纳卢兹（Auguste Benayrouze）合作发明了一套潜水系统。他们将加压的气罐与潜水衣融合在一起。利用这套装备，潜水者可以在十米深的海底行走半个小时。

水肺

第一个真正的开路式水肺系统是由雅克·库斯托和埃米尔·加尼昂（Emile Gagnan）在 1943 年设计的。加压的气缸为潜水者提供氧气，而潜水者可通过呼吸控制气流。潜水者呼出的气体可以直接排到水里。这套系统开启了潜水史上新的一页。

皮尤曾在伦敦做律师，那时候他还是英国空军特别部队的预备役军人。

“冰”泳者

路易斯·皮尤（Lewis Pugh）以在冰冷的海水中游泳而闻名于世，此举是为了唤起世人对世界海洋危机的重视。

2015年3月3日，英国耐力型游泳者路易斯·皮尤完成了人类历史上在最南端游泳的纪录，此举打破了10天前才被人创下的纪录。作为联合国环境规划署（United Nations Environment Programme）的海洋保护者，皮尤在南冰洋罗斯海（the Ross Sea）的鲸湾（the Bay of Whales）游了350米。“才350米？这么近？”你也许会这么问。在你们那的泳池里游350米也许不算什么，但你要知道，皮尤可是在-1摄氏度的刺骨海水里游泳，当时的气温为-37摄氏度，并且狂风呼啸，风速每小时75千米。

目前有很多人在南冰洋游泳明志，皮尤在罗斯海的壮举只是其中之一。这些行动是为了呼吁各国领导人在罗斯海设立海洋保护区。在皮尤热身完毕后，一个浪头打上了他的支援船，罗斯海实在是太冷了，海水马上在船员身上结成了冰。罗斯吐露了他冒死完成那次游泳的原因。

“我很关注罗斯海。这里有地球上最原始的海洋生态系统，有着独一无二的野生动物物种，具有极高的科学价值。但不幸的是，工业捕鱼正在破坏这一切，我们留给子孙后代的将是一个不可持续的星球。”

皮尤曾在伦敦做律师，那时候他还是英国空军特别部队的预备役军人。现在，皮尤把自己的人生使命定为保护环境，尤其是保护海洋。在2006

2015年3月，路易斯·皮尤跳下了罗斯海。当时的海水冰冷彻骨，只有零下1摄氏度

年，他成为史上第一位独自游过泰晤士河（the River Thames）全长的人。他这么做是为了呼吁人们关注英格兰严重的干旱问题以及全球变暖的危险势头。出生于普利茅斯的皮尤花了21天才完成了全部的202英里路程。最初的26英里他是跑步完成的，因为干旱，那里的河水已经枯竭。

但是真正让他闻名于世的是他在冷水中的壮举。2007年，他成为历史上第一个长距离游过北极冰河的人。在-1.7摄氏度的海水里，皮尤花了18分50秒完成了1千米的路程。

皮尤在南极和北极挑战游泳期间，科学家蒂姆·诺克（Tim Noakes）发现皮尤可以在下水前将核心体温提升2摄氏度，这就是人体的“预期产热”功能。诺克强调，这是一种非常有用的生理功能。因为皮尤在冰水里游泳时只戴了护目镜和泳帽，只穿了一条泳裤。

“我呼吁世界各国的领导人尽己所能保护环境。但是有时候，我呼吁他们颁布的立法在选民中不受欢迎，”皮尤在Ted演讲中吐露心声，“如果我想要他们勇敢点，那么我自己就必须勇敢。穿着潜水服游泳可表达不了我的愿景。”

詹姆斯·威茨

水下憋气最久的纪录是 22 分钟，
该纪录的保持者是自由潜水者斯蒂格·塞弗林森，他打破了魔法师大卫·布莱恩 17 分钟的纪录。

自由潜水

自由潜水者挑战着人类生理和心理的极限，他们要游得更深、更久。

人体的极限到底在哪里？我们不断问自己这个问题，并用任何可能的方式去探索人体的极限。自由潜水是最纯粹的试验方式之一。简单地说，自由潜水就是屏住呼吸潜入水下。

自由潜水已经存在了数千年。考古证据显示，公元前 5400 年，斯堪的纳维亚人就利用潜水来采集贝壳。而据文字记载古希腊人和古罗马人也利用潜水寻找食物、进行救援甚至将其用于军事目的。“Ama”在日语里指的是采集珍珠的女潜水员，在日本这一职业至少有 2000 年的历史。

近几十年来，自由潜水越发受到大众的喜爱。瑞士的自由潜水者组织 AIDA 下设了许多自由潜水俱乐部。AIDA 会组织自由潜水竞赛并记录世界纪录。这些纪录可以分为八个科目，其中之一就是“静态屏息”。这个科目考察的是潜水者在水下憋气的时长。另一个科目是“无限制”，考察潜水者一口气下潜的深度，潜水者可以借助重物或充气物。

甚至对于那些不是潜水健将、不是纪录保持者的人，自由潜水也散发着无尽的魅力。“自由潜水和戴着水肺潜水完全是不一样的体验，”英国自由潜水协会的负责人乔治娜·米勒（Georgina Miller）解释说，“少一些设备就会少一份麻烦。在一片寂静中，你可以更亲密地接触水生生物。你可以以一种完全不一样的方式探索海洋世界，无拘无束地升上来潜下去。”

艾玛·法雷尔（Emma Farrell）是世界一流的自由潜水教练，她很赞同以上的观点，并说：“当你戴着水肺潜水时，气泡常常会把水生生物吓跑，你的活动也会受到限制。”她接着说，“自由潜水可以让你尽可能地亲近水生生物。你会把小动物们吸引来，它们会游过来看看你到底是谁。而且你在水下的活动也会更为自由。”

有证据显示早在公元前 5400 年，斯堪的纳维亚人就开始利用潜水来采集贝壳。

自由潜水的五大圣地

屏气爱好者们有多种多样的选择

1 迪恩蓝洞（Dean's Blue Hole)

这个沉洞充满了海水，位于巴哈马群岛（the Bahamas）的长岛附近。这里是世界上最深的蓝洞，深达 202 米。这是一个垂直的洞穴，洞里充满了温暖平静的海水。很多卓越的自由潜水者尝试在这里打破世界纪录。

2 尼莫 33 (Nemo 33)

这里是潜水训练和潜水初学者的天堂。这是一个室内的潜水游泳池，深达 34.5 米，位于比利时的布鲁塞尔。它是世界上最深的室内游泳池。人们常常在这里进行进行水下拍摄。它的设计者是潜水者约翰·比尔奈尔特（John Beernaerts）。这个泳池里有很多仿真的洞穴。

3 罗阿坦岛（Roatan）

这座加勒比海上的小岛在中美洲海岸外，被世界上第二大珊瑚礁系统——中美洲大堡礁（the Mesoamerican Barrier Reef）所环绕。在这里，你可以享受深海陡降，看到大量的水生生物，在温暖干净的海水中探索沉船。

4 车普斯图（Chepstow）

这是一家被水淹没的采石场，位于英格兰的格洛斯特郡的。它似乎跟自由潜水八竿子打不着。但这里就是国家潜水活动中心（the National Diving and Activity Centre）的所在地。英国最大的自由潜水组织“无盐潜水”（SaltFree Divers）也在此地。国家潜水活动中心在这里建造了专门的自由潜水场馆。它是全英国最深的场馆，深达 77 米。

5 达哈卜（Dahab）

这里被称为“潜水者的坟墓”，因为自 2000 年后，共有一百多位水肺潜水者葬身于此。这个深达 130 米的蓝洞位于红海的达哈卜附近，是世界上最受欢迎的自由潜水地之一。在水下 56 米处有一个“拱门”，那是一条 26 米长的坑道，可以通往公海。

在上升过程中，潜水者可能会出现浅水眩晕综合征，这是一个很大的风险

对于身心的好处

自由潜水对身心有很多好处。它可以教会你正确地呼吸，以放慢心率，使神经系统平静下来。通过学习如何使用隔膜、肺部和胸腔，可以提高肺活量，即一次最大吸气后再尽最大能力所呼出的气体量。

当然，法雷尔补充道，这项运动从来不乏挑战。“首先，你需平衡体内和体外的压力。有很多东西可以帮助你解决平衡问题，比如饮食、整骨疗法和鼻窦冲洗，”她接着说，“但是一定要尽快做这些事。还有就是头部的问题，对于很多潜水新人来说，这是最大的生理挑战。他们认为憋气会成为自己的限制因素，但实际上每个人的憋气能力都比自己想象的要好。

“事实上，最大的障碍是关于显意识和潜意识的。大多数人会非常恐惧死亡、水中生物以及憋气的感觉。但基本上最终所有的身体障碍都会被克服，关键在于练习，要和你完全信任的人一起训练。”

然而，即使克服了上述的挑战，这项运动还是有风险的。在正确操作的情况下，自由潜水是安全的。永远不要独自一人潜水。生理方面的障碍主要与空气稀薄这一点有关。在深海中，每下潜十米，大气压就会翻倍。所以说很多人把自由潜水归为“极限运动”。世界自由潜水冠军娜塔莉亚·莫科诺娃（Natalia Molchanova）遭遇意外，被推定死亡，也给我们敲响了警钟。

“自由潜水有很多风险，”布里斯托尔皇家医院（Bristol Royal Infirmary）的心脏病学家、英国潜水医学顾问委员会（the UK Sports Diving Medical Committee）的副主席、英国皇家海军前水下逃生教练马克·特纳（Mark Turner）博士说，“但

在挑战“无限制”这个项目时，赫伯特·尼特奇借助动力滑橇下潜到了253米的深度

大部分风险只有那些挑战极限的潜水明星才会遇到。对于自由潜水协会的成员来说，最大的风险是浅水眩晕综合征。耳部的问题也值得我们重视。”潜水眩晕综合征的成因是，由于深处的高气压，我们在深处的需氧量较少，这可能导致潜水者没有为上升留够足够的氧气。在潜水者上升时，血压就会降低，但此时氧气不够用了。所以就会在毫无征兆的情况下缺氧。

“大多数的自由潜水死亡都是因此导致的，”特纳博士接着说，“他们在两米深的水下眩晕，然后就沉了下去。这都是因为大脑缺氧。”

避免肺部挤压

如果你在潜水时小心翼翼并且与他人结伴而行，一般不会发生危险。但是对于想要挑战极限的明星潜水者来说，就会面临一系列的问题。

打破世界纪录的自由潜水者尼特奇在欣赏位于巴哈马群岛的迪恩蓝洞

“肺部挤压是限制自由潜水者潜水深度的制约因素，”特纳博士解释说，“下潜得越深，海水对肺部的挤压就会越大。在 190 米深的地方，你要承受 20 个大气压。也就是说在地面上容量为 10 升的肺部会被挤压得只能容纳 500 毫升的气体。那个时候，肺部会被压扁，几近于真空状态。呼吸道和肺泡会黏在一起。”

随着潜水者下潜得越深、越久，他们会遇到和水肺潜水者一样的问题。如，体内氮气泡堆积造成的减压病，或者叫肺气压伤。潜水者原本在深处呼吸，这时如果迅速地上升，气体就会充塞他的肺部，使肺部破裂。

奥地利的赫伯特·尼特奇（Herbert Nitsch）就深刻地体会到了这种病的危害。他是“地球上潜得最深的人”，他创造了所有八大科目的 33 项世界纪录，其中就包括最难的“无限制”世界纪录。借助动力滑橇，他下潜到了 214 米深的海下，保持了这一纪录。而在 2012 年，他下潜到了 253 米深的海下。但是由于赞助人之间的分歧，AIDA 并没有承认这项纪录。更为悲剧的是，他患上了减压病及其引发的多发性中风。

他的康复之路是漫长而缓慢的。他在轮椅上整整待了半年。但是现在他又回归潜水了。他向我们讲解口腔呼吸技巧是如何帮助他下潜得更深的。“口腔呼吸就是把会厌作为活塞，使肺部能容纳更多的空气。这么做可以扩大肺部容量。通过循序渐进的扩张训练，你就能够让肺部容量高于正常的水平。比如说，我就把肺部容量从 10 升提升到了 15 升。多余的空气在深海潜水中主要用于平衡鼻窦和咽鼓管（耳部）。”虽然和法雷尔的观点很相似，但是尼特奇强调说心理状态才是最重要的。

“心理危机与身体危险密切相关，”他说，“你一定要放松，就像是在周末的清晨醒来时那么放松。”

所以潜水者们还能创造出怎样的纪录呢？医学专家们认为，人类已经快达到自己的极限了。但是尼特奇不相信专家的话。“的确是越来越难了，”他最后说，“但是挑战无极限。”

安德鲁·韦斯特布鲁克

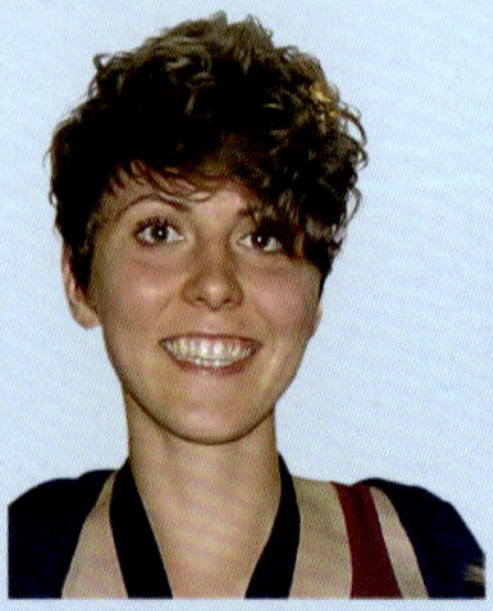

问答：爱丽丝·希克森（Alice Hickson）

与 2015 自由潜水世界冠军“无蹼”项目金牌获得者面对面

你是如何在短短九个月内从初学者成为世界冠军的？

我就是享受我正在做的事。我很喜欢平静。一旦潜入水里，什么都不重要了。所有的想法和情绪都会消失殆尽……直到我需要再次呼吸！

你是如何准备的？

身体上的调整很重要，但是在心理上也需要做好准备。很多的自由潜水者会通过冥想和瑜伽来凝聚精神，从而进入一种觉知的状态。这样他们就可以专注于呼吸，保持放松。

爱丽丝·希克森一口气游了174米，她因此获得金牌并打破了英国的纪录

很多的自由潜水者会通过冥想和瑜伽来凝聚精神，从而进入一种觉知的状态。

缺氧时会发生什么？

一般隔膜会收缩，有些人说那种感觉就像是胃被人捶了一拳。这种身体的暗示很好，就是在告诉你你可能快达到极限了。从心理的角度来说，我觉得这时候你要保持冷静。但是最好遵循身体给你的暗示。

身体的暗示？

比如有的人的肌肉会产生灼烧感，这是由乳酸引起的。还有的人会无法正常思考。一旦你觉得意识模糊，就得马上上浮。可以每次尝试增加几米，慢慢来，这非常重要。因为只有这样你才能确切地知道自己的极限在哪里，什么时候需要换气。一定要循序渐进，听从身体发出的信号。昏过去和顺利完成潜水只是一念之差的事。

科学掠影

来自地球海洋中的绝美图片

谷歌玻璃船

网络巨头正致力于海下探索，呼吁人们关注世界上的珊瑚面临的危机。

谷歌街景项目并不满足于陆上的风景，它还把视野伸入了海下。为了获得海底的图片，谷歌与 XL 卡特林海景调查组织（XL Catlin Seaview Survey）进行合作。XL 卡特林是世界珊瑚礁方面的科研组织。该组织利用专门设计的水下摄像机 SVII 来捕捉由 GPS 定位的高分辨率全景图片。这种相机每三秒钟就可以拍摄一张 360 度的全景图片，每小时可前行 4 千米。人们在后期会将这些图片整合在一起，让谷歌街景的使用者来一场虚拟潜水，自由地探索海底世界。

为了获得海底的图片，谷歌与 XL 卡特林海景调查组织进行合作。XL 卡特林是世界珊瑚礁方面的科研组织。

这是一只由卡特林摄像机拍摄的隆头鱼。它身后是沉没在巴厘岛（Bali）图兰本（Tulamben）的美国货船“自由号”的残骸。这是该沉船的一张 360 度平面图像

詹姆斯·卡梅隆导演曾到访过挑战者深渊。
他是世界上第二个到访挑战者深渊的人，并在那里拍摄了很多素材，最后制成了一部纪录片。

探索海洋技术

从海面到最深的海沟，是科技让我们能够探索更宽广的海洋。

海洋是广阔的。通过地图和地球仪，我们可以清楚地看到海洋是多么的广袤。但我们看到的只是海面，海面只是海洋很小的一部分。我们所说的探索海洋囊括了所有 3.2 亿立方英里的水域。据说我们只探索了不到 5% 的海域。海洋里还有很多秘密等我们去发现。

虽然还有大片的海域没被探索，但这并不是说我们对海洋缺乏了解。我们有两种方式来增长海洋知识。一是加深对已知海域的认识，二是探索从未接触从未到达过的海域。

卡梅隆的深海挑战者潜水器 70% 的材料是泡沫。
“复合泡沫塑料”由树脂中的玻璃微珠构成，非常强韧，而且浮力很大。

卫星图揭露了地球表面海洋的温度

由于科技的进步，我们在第一点上做得很好。电子产品变得更加便宜、小巧、普及，无线通信业不断发展壮大，这让更多的人能够更加方便地看到海洋、了解海洋。“深海探索最大的进步跟我们在陆上的所见紧密相连。”“海洋行动者”（DOER Marine）创造了很多深海探索设备，该组织的主席兼首席执行官利兹·泰勒（Liz Taylor）解释说，“程序包变小了，但是处理能力变强了。数据传输变快了，数据储存和传输技术也更进步了。”

技术漂浮物

我们可以布置覆盖范围更广、更为灵敏、更为复杂但更易操作的科学设备网络。比如为了了解非常复杂的洋流，我们可以使用“漂浮物”这种工具。有一种非常简单的漂浮装置，它的主体部分在海下，这样就能保证它随着洋流而浮动。上面配备有卫星发射机。它们会定期地向陆上的卫星发射机发回位置信息。通过整理“漂浮物”发回的信息以及其他渠道得到的信息，我们就能清晰地了解洋流的运动。

绘制海底地图比监控洋流简单多了，但是它所需的工程量也很大。现在我们已经绘制出了分辨率为 5 千米的海底地图，也就是我们可以看到 5 千米以上的物体。但这个地图基本上把所有的细节都忽略了。一些船上装有先进的声呐装置，它们已经绘制了大约 15% 的清晰度更高的海底地图，并且构建了海底的三维模型。但是它

1960 年，“的里雅斯特”号深海潜水艇第一次抵达挑战者深渊

自控潜水艇

更加智能的自动化水下装备是怎样帮助我们加强对海洋的认知的？

水下机器人能够帮助我们高效地绘制海洋地图、了解海洋。但是它们也有很多缺点。如果让它们自动操作，它们不能像人类那样处理突发事件。这就意味着它们需要大量的预制程序，尤其是当它们独自执行任务时。麻省理工学院的工程师们发明了一款水下机器人。它拥有更加自主的“认知”能力。在接到总体目标后，它能够自己决定如何完成任务。这款机器人是以群组开展活动的。你可以派出这么一群机器人，让它们收集样本、绘制地图。它们之间可以互相沟通，以尽可能高效地覆盖某片区域。它们不会撞在一起，而且能够根据时间调整任务的优先级。这种机器人所需的程序更少，不需要人类太多的监控，但是收集到的数据更多。它们也许不能替代人类去探索未知的海域，但在收集数据方面却比其他任何方式都要有效。

一艘远程遥控的潜水器正在海底作业

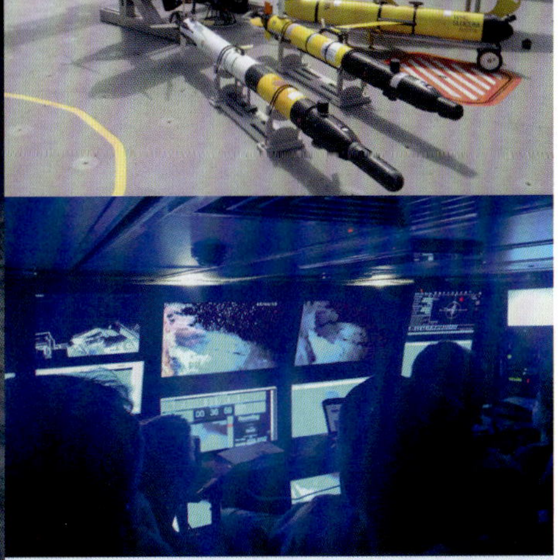

上图：自控潜水艇之间能够互相沟通，这是地球海洋制图的发展方向

的分辨率也只有大约 100 米。

卫星在绘制海底地图方面也助了我们一臂之力。虽然它们不能像雷达或其他类似的系统那样“穿透”海水，但是它们能够准确地锁定海水的高度。在平均这些数值后，我们就能够得知由于海下地势变化引起的海平面的变化。

但是如果你想真真切切地看看水下究竟是什么样，必须亲自下水去看。现在已经有能达到很深海域的潜水设备。我们甚至在加利福尼亚州有一个名为“宝瓶”的水下实验室，该实验室是专门为了研究珊瑚礁设立的。有这么多的科技，我们能够很好地监测海洋、了解海洋。但是我们对于极深的海域还是基本上一无所知。

挑战者深渊

挑战者深渊是海洋中的最深点，达 10900 米。在那里，每平方英寸要承受 8 吨的重量，相当于海平面大气压的 1000 倍。如果身体不是那么强壮却下潜到了那个深度，血管很容易就会被挤破。截至目前，只有两个载人潜水设备分别在 1960 年和 2012 年到达过那里。很多的项目正在筹划之中，其中一个就是“深海探索”项目，该项目的潜水设备就是由莉兹·泰勒在“行动者”的团队设计的。“我们在材料方面取得了显著的进步，除了这些新的合金和材料， 现在我们还能够更好地观察理解这些材料在不同环境下甚至有时候在分子水平下的变化。”泰勒解释道。有趣的是，普通玻璃居然也应用其中。这是因为玻璃在压力下会更加强韧。玻璃球可以承受极大的压力，因为它没有任何薄弱点。

对于“行动者”来说，现在的工作重心就是挑战者深渊。“人当然是最有价值的，但除了人，取样工具也很重要，”泰勒说，“机械手可以抓

监测海洋的技术

面对无限复杂的地球海洋，我们使用不同的方式更好地呈现它的面貌，从简单的 GPS 漂浮装置到卫星。

水听器

这些水下的麦克风可以用来监测鲸鱼的运动或火山爆发。我们在太平洋里布置了很多固定的水听器，但是也布置了移动的设备。它们常常会反馈回关于动物行为和地震活动的绝美画面。

声学多普勒流速剖面仪

声学多普勒流速剖面仪（ADCPs）一般被安置在船舶上或是海底，能够释放音频脉冲。当声音信息返回到剖面仪时，它们的音高会根据水的流向而变化。这样我们就能监视深海的洋流了。

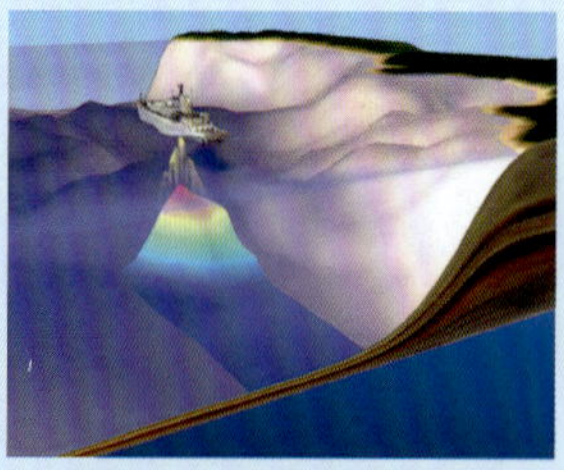

声呐

在第一次世界大战中我们就开始使用声呐了。船舶一般会安装两种声呐。一种是“侧向扫描”声呐，它可以有效地探查海底的物体或材料。另一种是“多波束”系统，它擅长收集绘制三维高度地图所需的数据。

潜水艇

潜水艇一般都装有铰接式的机械臂，主要用于收集样本。通过把海底的东西搬到船上或陆上的实验室里，我们就能研究它们。一些潜水艇只能下潜到浅海，但有些潜水艇，比如米尔一号和米尔二号能够到达海底 98% 的区域。

取分散在海底的沉积物、岩石、珊瑚、海绵等。”

你也许认为取样都是自动化的，只需要无人装备就行了，但是泰勒强调了真人下潜到海底的必要性。泰勒说：“‘机器人是不会惊讶的。’人类是天生的自然探索者和故事讲演者。直接地探索和观察海下的世界要比摄像机和传感器真实得多。”

马修·博尔顿

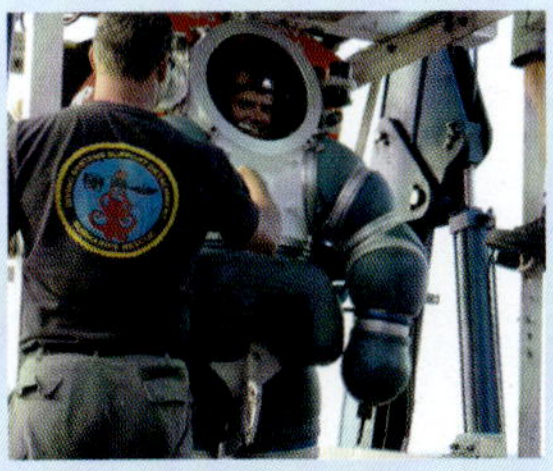

潜水员

即使借助特殊的空气混合物，人类最多能够安全地下潜到水下110米。而穿上大气潜水系统（Atmosphere Diving System）潜水服之后，人类就能潜到600米深的海下。但是这种潜水服更像是一种人形的潜水艇，操作不方便，而且不能与外界沟通。

科考船网络

很多船上都设有实验室。一些船还将配备远程遥控装备来收集样本。它们也能够监测大气数据。为了装配更多的监测设备，有些船上装有起重机和车架。

实时计算

校对和引用数据的能力是非常重要的。很多船舶将会在多地收集气象数据、航行数据和生物数据，然后处理这些数据，将其用于可能的重大科学事业。

卫星监控

卫星有很多用途，包括海底制图。卫星还可用于监测海洋温度。海洋温度包含了很多重要信息，让我们能够了解气候和鱼群的动向。卫星还能够锁定赤潮的区域。

你问我答

人类能否大规模地生活在水下?

也许可以——但是这比建高楼大厦要难多了。

地球上的人口在不断地增长，但我们的居住面积是固定的，也许在未来我们需要考虑些非传统的居住方式。

日本的清水公司（Shimizu Co）就在探索在海洋中居住的可能性。该公司提出了很多人类在海洋定居的可能性方案。其中一个叫作“海洋螺旋”的方案，提出了人类在海中的生存的一种方式。

“海洋螺旋”主要包括三个部分：一个中心为柱形生活区的球体、一根连接海底与球体的螺旋（用于承载发电和淡化海水的设备）、一个安置在海底的“工厂”装置（可以控制二氧化碳水平并从海底提取矿物资源）。

这个球体的一部分会浮出水面，这是为了让充足的阳光通过透明面板照进来。外面的保护圈能够阻拦海浪。但是遇到风暴时，整个球体就会通过其中的大型压舱物沉下去以躲避风暴。虽然清水公司将“海洋螺旋”定义为城市，但它只能容纳 4,000 人永久定居，另能容纳 1,000 位参观者。未来很有可能会有很多“海洋螺旋”共同在世界范围内形成紧密相连的网络。

虽然清水公司认为未来 15 年内就能建成“海洋螺旋”，但是我们仍然面临很多技术难题。比如如何建造出足够坚固的球体？如何保证球体内的空气清新？如何减少体积如此庞大的球体所带来的振动？而且我们还要考虑社会因素。在目前的设计中，清水公司建议可以将办公区和科研设施搬进球体内进行海洋研究。但是如果未来有很多这样的城市，人们就得考虑如何安排工业和商业用地，以及如何规划人类的居住空间。

建设深海中的大都市并不是我们的目的，但是能够以一种环保、可持续且安全的方式居住在海洋里着实让人兴奋。

马修 · 博尔顿

“宝瓶”水下实验室

美国在海下的实验室

虽然我们还不能永久地在海下定居，但是我们已经能够在海下暂时地居住很长一段时间了。宝瓶珊瑚礁基地是一个小型的实验室和居住地。它的设立是为了研究佛罗里达群岛（the Florida Keys）的珊瑚礁。大多数的科研任务为 10 天左右。但在 2014 年，贾克·库斯托的儿子费比安·库斯托（Fabian Cousteau）曾与团队成员在那里生活了 31 天，收集到了大量的科研数据。

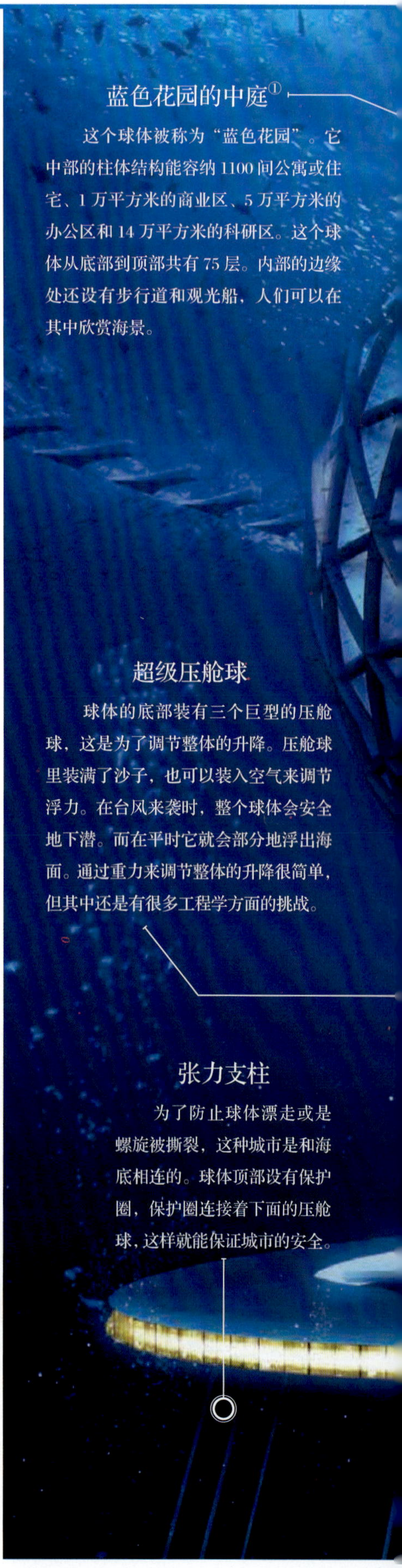

设计方清水公司说，我们在未来十五年内很有可能建成海洋螺旋，但是要克服重重困难。

水产养殖

食品生产可以让这座城市实现自给自足。我们不仅可以种植海藻和其他的植物，还可以发展可持续的渔业。我们可以在海中直接建造巨型养殖池可以从深海里抽上来富含营养的海水。养殖池的温度也很好控制。300 米高的围墙可以保证鱼群不会游走。养殖池的下方没有基底，这样鱼类的排泄物就能直接沉到海底，以确保养殖池内部的清洁。由于大部分鱼类是无法游到深海的，所以它们也不会从下面游走。

漂浮的海堤

“海洋螺旋”的周围设有一圈漂浮的海堤，这是为了阻挡海浪的侵袭，以保证城市日常的运作。海堤还能够防止船舶靠近城市。它还可以作为大型客船的终点站，让游客们在那里换乘小船进入“蓝色花园”参观。

深海船

“海洋螺旋”下面的边缘处会设有游览船，可以带人们前往更深处的地方。该方案还包括建设停泊口岸，为方圆 2500 米内的潜艇停靠提供便利。人们可以通过这些设施进入“蓝色花园”。这些船还能下潜到螺旋和海底进行日常维护，还能够用于科研。

下层螺旋

这些螺旋连接着海底和球体，具有多种重要作用。螺旋中能够容纳淡水生产设备。这些设备位于 2500 米的海下。深海水压会把海水推入半渗透膜。这种膜能够过滤掉海水中的盐分。它还可以利用海洋热能转换（the ocean thermal energy conversion）进行发电。它的工作原理是：不同水层的海水具有温度差，这种温度差能够产生水蒸气，而水蒸气可以推动涡轮机发电。

① 中庭：通常指建筑内部的庭院空间。

168

199

186

188

5 海洋保护

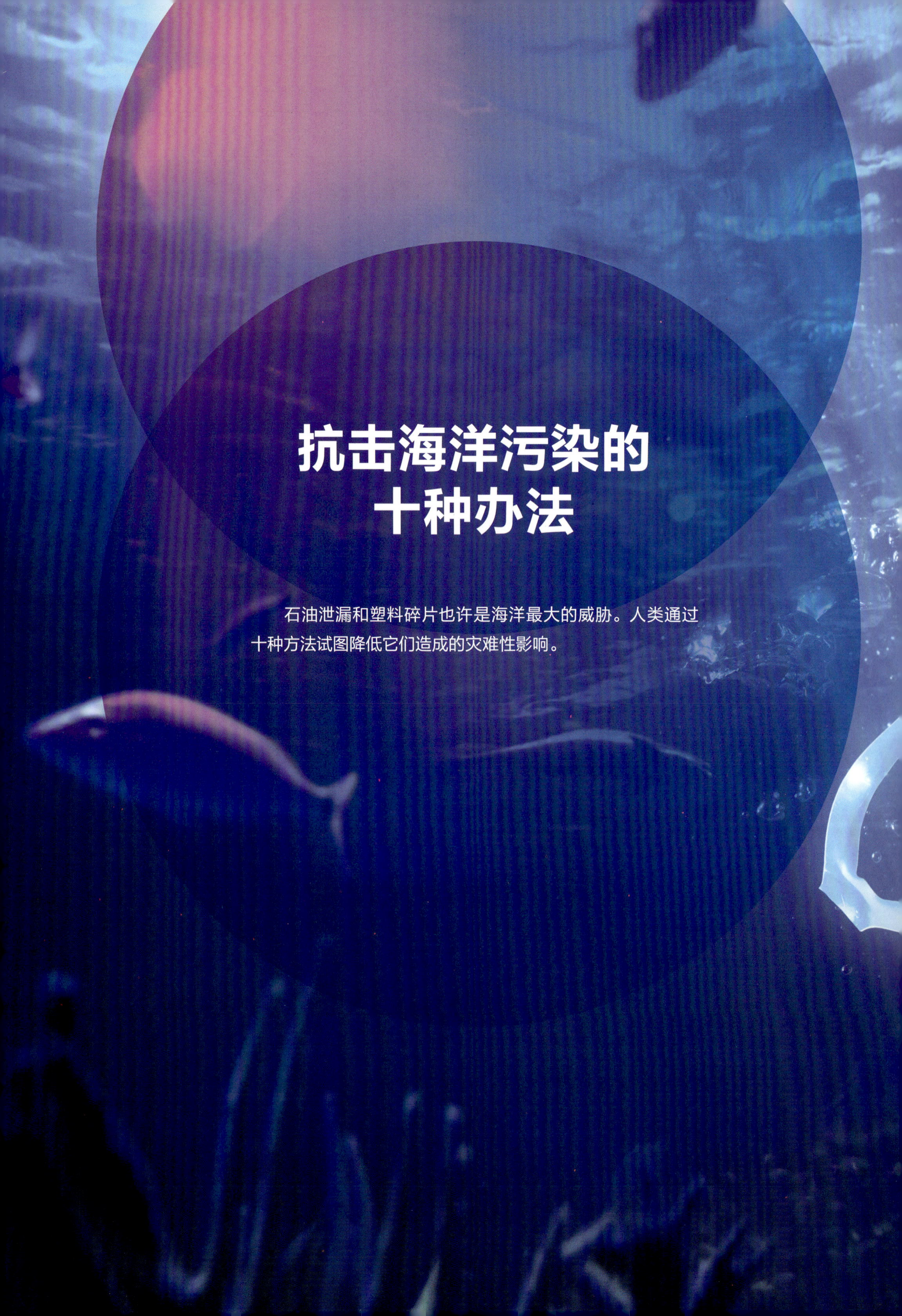

抗击海洋污染的十种办法

石油泄漏和塑料碎片也许是海洋最大的威胁。人类通过十种方法试图降低它们造成的灾难性影响。

10 海洋细菌

这是清除石油泄漏的最佳方案之一，是大自然母亲提供的。

2010 年英国 BP 石油公司的深水地平线号石油钻井平台发生了石油泄漏事件。令人震惊的是，最新的海洋科研发现，大自然中的细菌已经吞噬了墨西哥湾里的 20 多万吨的海洋污染物。但是仔细想想也能说得通，因为石油是由腐烂的动植物演化形成的，这对细菌们来说可是美味佳肴。但是数据显示，在爆炸造成的环境灾难发生 5 个月后，细菌们吞噬石油的速度慢了下来。来自乔治亚理工学院（the Georgia Institute of Technology）的微生物学家乔·科斯特卡（Joe Kostka）解释说：“因为石油的营养含量很低，比如其中的氮元素就很低，会限制细菌的生长速度和消化石油的速度，”他说道，“但是，我们的研究发现有些细菌自己就能解决这个问题，它们可以从空气中获取自身所需的氮元素。”

2010 年 6 月，深水地平线号泄漏到墨西哥湾中的水面浮油首次上岸，科斯特卡从海滩上提取了 500 多份样本并对它们进行了分析。通过检测这些细菌，他就能找出哪种基因可以将氮元素转化为无机化合物。科斯特卡发现某些细菌将氮元素作为它们的辅食。他认为这一发现将会产生更高效的清洁技术。事实上，施肥已经成为现在清洁海洋漏油的主要技术。施肥就是向污染海域投放氮元素，以促进微生物的繁殖。这一技术在专业上被称为“生物除污”[1]。

施肥已经成为现在清洁海洋漏油的主要技术。

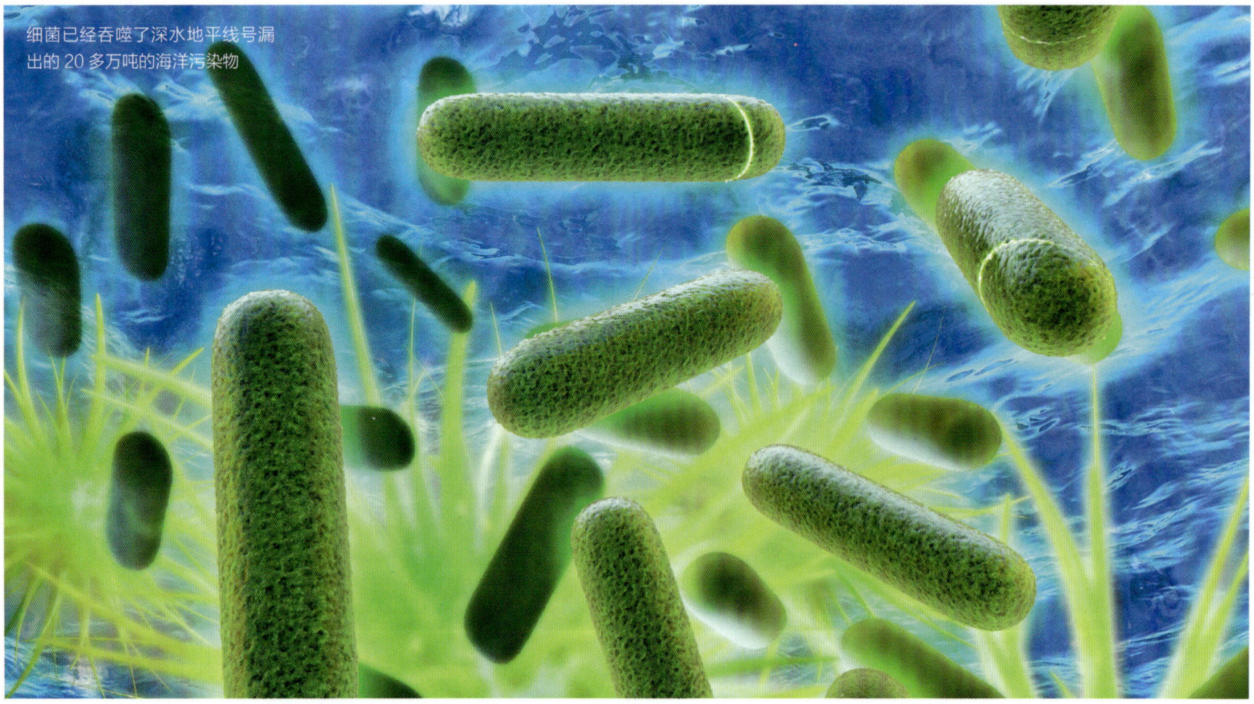

细菌已经吞噬了深水地平线号漏出的 20 多万吨的海洋污染物

① 生物除污：利用微生物净化有毒废物场或受污染水域等。

围油栏是控制污染物（如水面浮油）扩散的最常用的办法。它们非常有效，但海浪会削弱它们的作用。

09 浮动栅栏

也许它们看上去作用有限，但是它们却能有效防止石油扩散。

在石油泄漏的海域，也许最常见的就是浮动栅栏或者说“围油栏”了。它们漂浮在污染海域的周围，周长很长。围油栏是最有效的迅速控制水面浮油扩散的方法，可以有效减少浮油对海岸线的污染。围油栏还可以让水面浮油进入黏稠剂池，这样就能更加方便地清理水面的浮油了。但是我们看不到的是水下的部分。这些围油栏的下面还有“裙体”，这是为了控制水下的污染物。“裙体”的长度从 18 英寸 ~ 48 英寸不等，在平静的海域效果更佳。但是一旦起了波浪，体积较大的污染物就会穿破“裙体”，围油栏也就没什么用了。

为了解决这个问题，在“裙体”的下方常常会有“纵向受力元件”，一般是缆绳或锁链。它们能够阻挡风浪，也起到了锚的固定作用。有些围油栏是非刚性的或充气的，这样可以便于清洁和储存。这种围油栏在汹涌的水域也能有较好的表现。但说到底，海浪越大，围油栏的作用就越小。

为了减少海浪的影响，有些围油栏会固定在桥墩上，或是被几艘船缓慢地拖着，虽然这么做的效果也并不好。

围油栏还可以让水面浮油进入黏稠剂池，这样就能更加方便地清理水面的浮油了。

代斯米 250 型号撇油器被布置在美国伊利湖的西部

08 浮油撇油器

围油栏中间是一些撇油器

在设置了围油栏之后，撇油器是清理浮油的第二道防线。撇油器可以回收聚集在海面上的浮油，一般是自力推进或由船舶控制。

撇油器一般与围油栏配合使用，它的作业效果与海面的情况息息相关。比如在汹涌的海域，撇油器收集到的石油还不如海水多。下面 3 种型号的撇油器在不同的场合各显神通。

溢流撇油器一般设置在水坝或围场这些水和油接触的地方。它的工作原理是让浮在水面上的石油进入围栏，流入围栏内的集油槽中。同时，水会过滤出去。而拦截下的石油能够通过管道进入储存罐里或循环再利用。这种滤油器的缺点是它们经常被杂物堵塞。亲油撇油器能够从周围的海水中吸收石油。它有很多由亲油材料制成的吸收带。被吸收的石油最终会收集在回收罐里。亲油撇油器能够处理任何油膜厚度的石油泄漏事件，而且能够应对绝大多数的杂物。

吸力撇油器的工作原理就像是巨型的真空清洁器，利用浮动磁头将浮油吸入回收罐里。它们的清洁效率很高，但是却最容易被杂物堵塞。

撇油器一般与围油栏配合使用，它的作业效果与海面的情况息息相关。

07 吸着剂

这些万能的“拖把”拥有像海绵一样的吸附能力。

具体使用何种吸着剂取决于多种因素包括漏油的种类

最简单的从海洋中清理污染物的办法就是使用吸着剂。这是一种不能溶解的材料，主要用于吸附污染物或将令人生厌的附油吸附在多层结构里。治理浮油的吸着剂必须既是亲油的，又是憎水的。

吸着剂在小范围的污染水域里使用效果最佳，那里是撇油器到达不了的地带。在所有的清洁方法都使用后，才会使用吸着剂清理剩余的石油残渣。

吸着剂分为天然有机的、无机的和合成的。泥煤苔、锯屑、羽毛以及大部分含有天然碳成分的材料都可以用作有机吸着剂。这些材料能够在石油中吸收自身体积 15 倍的物质。

天然无机吸着剂能够在石油中吸收自身体积 20 倍的物质。这种吸着剂包括黏土、珍珠岩、蛭石、玻璃丝、沙子甚至火山灰。

合成吸着剂和塑料很像，能够在石油中吸收自身体积 70 倍的物质。这是因为它们能够把液体吸入自身立体的结构中，然后比原来的体积膨胀数倍。

具体使用哪种吸着剂取决于漏油的具体情况和漏油类型。如，在处理汽油、柴油和苯时，就必须考虑吸着剂的吸收率、保油率和实施的难易程度。

合成吸着剂和塑料很像，能够在石油中吸收自身体积 70 倍的物质。

06 从天而降的分散剂

从空中喷洒分散剂是一种常见的清理海洋的方法。

如果海上发生石油泄漏事故，但是由于天气原因，那些最为常用的清理方式都无法使用，在这种情况下应该怎么办？最有效的办法就是从空中向海洋喷洒分散剂来控制污染。

石油会自然分解。波浪会将浮油分成细小的液滴。然后这些小液滴会悬浮在下层海域的水柱里。水柱是人们虚构出来的从海底到海面由水构成的柱体。分散剂中含有表面活性剂和吸着剂化合物，能够加速这一天然的分解过程，将石油加速分解为细小的液滴。

但遗憾的是，如果需要清理的浮油油膜过厚或者较为黏稠，分散剂的效果就会大打折扣。因为分散剂在真正发挥作用溶解石油之前就沉入水中了。即使能够溶解部分石油，由于数小时或数天的风化过程，污染物会变得更加黏稠，呈凝胶状，所以浮油还是很顽固的。

任何的海上“化学分解”都必须被不断地严密监视，一旦条件允许就要立即停止。这样就能够防止喷洒过多的分散剂，防止污染鱼类或对附近的珊瑚礁造成可能的损害。

任何的海上“化学分解”都必须被不断地严密监视，一旦条件允许就要立即停止。

分散剂可以将浮油分解为较小的液滴

人工和机械合力清理海岸线

05 海岸线恢复

如果浮油漂到了陆地上，系统化地迅速反应是非常重要的。

浮油泄漏最严重的后果就是对附近海岸线的污染。如果放任不管，浮油就会漂到岩礁、海堤上，继而沉到海底，造成大片海域再也不适合水生生物生存。史上最严重的漏油事件发生在 2002 年，声望号油轮在西班牙外海失事下沉。当地渔业遭受毁灭性打击。这次漏油事件污染了法国和西班牙的 100 多个海滩。

因此，针对海岸线石油污染事件必须系统化地迅速反应。首先是清理淤积的污染物。在此过程中会用到真空油槽车、泵和撇油器。而较厚的已经乳化了的石油和沉积物要用牵引器和机械升降机清理。在车辆无法进入的敏感地带，人力清理是最简单的办法。

然后就会用大量的低压水冲洗海滨地带，把沉降其中的石油冲走。“冲洗法”和上述的方法很相似，就是利用海浪的天然冲刷把海底的石油冲走。恢复海岸线的最后一步是使用机器清理较难清理的区域，这时要用冷水或热水。再把被污染的鹅卵石投入混凝土搅拌机的转筒里进行冲洗。在岩石密布的海岸线，就要限制机械设备进入，手工清理是唯一的可行办法。在有些情况下还会利用生物修复加速石油的天然降解，将石油降解为普通的化合物。但这是一种侵入性的处理方法，不到万不得已是不能使用的，即使用也只能在工业区使用。

清理淤积的污染物会首先用到真空油槽车、泵和撇油器。

04 真菌和滤泡

还有一些新奇的自然清洁污水的方法。

2006 年，菲律宾经历了有史以来最严重的石油泄漏事故，并使用了一种新颖的方法来清理污水——用蘑菇和人类毛发来清理污水。成千上万的囚犯被刮去头发和胸毛。菲律宾把这些毛发与羽毛混合，制成了一个能吸收 5 万加仑[1]石油的海绵体。这个海绵体被放在了吉马拉斯岛附近的一艘沉船旁，用于吸收它泄漏出的工业燃料。

2007 年，中远釜山号在美国旧金山湾撞到了海湾大桥上，发生石油泄漏，这项技术在当时再一次被应用。人们专门发明了一种紧密编织的“毛发垫”，它的大小和门垫差不多。7,000 位志愿者用这些垫子擦除了从货船里泄漏出的 5.8 万加仑石油。在这些巨型的“清洁钢丝球”吸满石油后，上面就会长出平菇。在 3 个月内，平菇会完全消化掉石油，并将人体毛发转化为无毒的混合肥。

“毛发可以自然地从空气和水中吸收石油，就像专吸石油的海绵，”丽萨 · 戈蒂埃（Lisa Gautier）说，“它们是上等的海绵。”戈蒂埃是一家非营利慈善机构的管理者，她为那次清理活动捐献了 1,000 块“毛发垫”。戈蒂埃是从旧金山湾区的理发店里收集的毛发。这些垫子最初是为旧金山市的环保署制造的，是为了清理车用机油。真是太机智了！

[1] 1 加仑约等于 3.79 升。

你相不相信，这些管子里有数以百万计的毛发纤维

7,000 位志愿者用这些门垫大小的“毛发垫”清理了 5.8 万加仑石油。

毛发可以天然地吸收石油，所以它是绝佳的清理浮油的材料

罩顶的体型庞大，要承受极冷的温度

03 隔离罩

如果油井发生爆炸，就要派 100 吨重的隔离罩来救场了。

有一种系统可以防止地下水从油井里喷出，隔离罩就是这种系统的 1 个组成部分。它就像一个巨型的真空机，可以把爆炸造成的污染物吸纳在一起，然后把污染物传输到船舶上的容纳器里。船舶一般就停在污染水域。

2010 年，墨西哥湾深水地平线号石油钻井平台发生可怕的爆炸并引发大火，造成 11 人遇难。当时就用到了一个重达 100 吨的钢筋混凝土隔离罩顶。这是短期内堵住石油泄漏的最佳办法。如果不采取措施，石油会持续泄漏几周时间。

但不幸的是，那次的隔离罩彻底失败了。在大约 5,000 英尺深的地方，罩顶内部出现了像冰一样的“氢氧化物”结晶体。在低温高压的海底，当水和天然气混合时就会形成氢氧化物。深海清洁队试图通过软管向隔离罩内部注水，以保持其中的温度不会低到结晶的程度，但是他们失败了。这种比水轻的晶体最后堵塞了隔离罩，导致石油无法流通。最后，隔离罩由于浮力过大无法在海底形成水封环境。而石油一直泄漏了 3 个月。直到油井彻底封住，石油才停止泄漏。

2010 年，墨西哥湾深水地平线号石油钻井平台发生漏油事故后，使用了隔离罩顶。

02 塑料阵列

17 岁荷兰青年的学校项目也许能解决世界海洋垃圾问题

从传统意义上来说，清理海洋中的人造垃圾几乎是不可能的，因为海洋太广阔了，而垃圾太分散了。据说如果用船和网来清理海洋垃圾，至少需要花 79,000 年的时间，耗资数十亿美元，还会对海洋生物造成难以言喻的伤害。

但是在 2011 年，一位 17 岁的荷兰创业者博扬 · 史拉特（Boyan Slat）彻底改变了现状。史拉特的学校项目研究了海洋垃圾中塑料的尺寸和数量。他最后的论文赢得了很多大奖。2012 年的夏天，他继续深化他的想法。在几个月之后，他在 TEDx 上发表演讲，向全世界介绍他的想法。

史拉特的系统包含了一系列的漂浮的栅栏。它们最初会利用洋流的自然运动来自主地收集海洋中的塑料垃圾。水流和海洋生物都可以畅通无阻地通过下面的栅栏网，因此这个系统对水生生物并无影响。这种漂浮栅栏与海底相连，计划会大规模地使用于数百万平方千米的水域。

2013 年 2 月，史拉特辍学创建了海洋清理基金会。这是一家旨在实践他的技术的非营利机构。之后，他募集了 200 万美元的资金，于是该组织开始了这项技术的试验阶段。第一个栅栏会设置在日本海岸线附近。如果该清洁系统试验成功，太平洋上将会出现更多的漂浮栅栏。

据说该系统比传统的清洁方式要快 7,900 倍，成本是原来的 1/33。而这只是一位出生于 1994 年的荷兰青年的创意。

据说该系统比传统的清洁方式要快 7,900 倍。

从电脑屏幕到海平面上，博扬·史拉特的清洁梦想正在变成现实

其中的一些垃圾会进入海鸟和水生生物的消化系统。这些生物还会吸收海水中的有机污染物。而这种海水一旦进入食物链就会扰乱生物的荷尔蒙。现在，海洋污染对水生生物的影响日趋严重。威尔克斯特说："当务之急就是让人们不再往海里扔垃圾。"但目前流行的是一种"用后就扔，扔了再买"的文化，所以海洋仍然面临着巨大的威胁。

蒂姆·哈德威克

01 防止乱扔垃圾

解决问题最好的办法就是杜绝问题的发生。

研究者们估计，仅在2010年就有400万~1,200万吨的塑料冲入大海。这大约是全球塑料总产量的1.5%~4.5%。这么多的塑料足以覆盖全球的海岸线。而每十年，全球的塑料产量就会翻番。

"就像是你在打扫房间的时候，我拿着一袋子尘土和一个风扇站在你门口一样。"克里斯·威尔克斯特(Chris Wilcox)说，"你虽然在不停地打扫，但是你永远扫不干净。"威尔克斯特是一位来自澳大利亚联邦科学与工业研究组织(CSIRO)的经济学家，CSIRO是澳大利亚的国家科学机构。威尔克斯特发表了一项研究报告并指出，只有20%的海洋塑料来自海洋渠道，如废弃的垂钓工具或是沉船事故等。剩下的都是被冲进海里的海滩垃圾或是河里的垃圾。大约一半的垃圾是塑料瓶。剩下的大部分都是包装盒。

大部分的垃圾最终聚集在大西洋、太平洋和印度洋等五片区域。其中一片区域在北美海岸及日本海岸数百千米远的地方。那里被称为"太平洋垃圾带"。放眼望去，海里全是垃圾，有货物、化学污泥等各种各样的垃圾。在风浪的作用下，垃圾浮在海面，能够漂流很远。

科学家们估计那里每平方千米的海域有48万片塑料垃圾。查尔斯·摩尔(Charles Moore)估算，世界上2.5%的塑料最后会扔进大海，而"太平洋垃圾带"里有2亿吨的垃圾。

据估算，世界上 2.5% 的塑料最后会扔进大海。

不幸的是，这一幕在世界上的很多国家都很常见

世界各地的沙滩和海洋充满了垃圾，这些垃圾即使花 1000 多年也分解不了

在家里拯救海洋

海洋污染有多种形式，污染源也有很多，但我们每个人都能够采取行动保护海洋。

我们很容易认为海洋污染只和重工业和大规模的灾难有关。但事实是，海洋污染和千家万户都息息相关，并且其关联程度超乎我们的想象。

我们生活的几乎方方面面都会对海洋的卫生造成影响。从出门去超市买做饭的原材料到吃完饭刷盘子，我们在每一步所做的每一个决定和采取的行动都有可能导致堆积如山的海洋污染物。但是我们在家里稍微做出点改变就能够产生巨大的不同。

意想不到的污染源

当年深海地平线号的漏油事故非常严重，事件已经过去多年了，但是如今还是能看到当年的漏油。据估计，在泄露口被封住之前，超过 490 万桶的原油流入海中，造成巨大的生态破坏。但是这么严重的漏油事故只是诸多事故中的冰山一角。虽然日常生活中每个人造成的污染微乎其微，但实际上大约有一半的海洋石油污染来自日常生活，比如我们往下水道倒掉的剩菜油脂，比如全世界公路上行驶的数以十万亿的机动车。所有这些看上去都微不足道，但是在重力的作用下，一切的污染物最终都会流入大海。

我们日常生活中丢弃的其他有毒物质甚至会造成海洋的浩劫。磷酸盐在陆地上使用得非常广泛，大部分的化肥、清洁剂、肥皂中都含有大量的磷酸盐。而人类和动物的排泄物中也含有大量的磷酸盐。甚至在复杂的现代化污水处理厂里面，那些看上去会起到正面作用的化学物质最终都会流入海洋。这些能为生命提供养料的物质造成的危害比带来的益处要大得多得多。它们会导致海水的富营养化。随着水中营养素的增加，一些简单的植物和藻类会爆发性疯长，然后枯萎，最终导致海水中其他的微生物无法获得足够的氧气，水中的动物数量进而会大幅度减少。长此以往，就会导致当地生态系统和食物网的崩溃。

在美国，40% 的河流不适宜游泳，过于危险。
污水排放以及人们直接丢弃的污染物是不适宜的主要原因。

从买食物到刷盘子，我们一直在为海洋污染添砖加瓦

海洋生物的生存正受到威胁

由于人类的污染，5 种海洋生物正濒临灭绝。

01 蓝鲸

目前海洋里仅剩 10000~25000 头蓝鲸。我们估计这个数字还在急剧减少，因为全球变暖导致的海水温度上升和海水盐度的变化，使得蓝鲸的主要食物——磷虾生存受到威胁。

02 棱皮龟

受多种因素的影响，其中包括海洋废弃物，棱皮龟的数量在过去 20 年里也急剧减少。棱皮龟主要以水母为食，因而它们很容易误食漂在海洋上的垃圾袋。

03 加岛企鹅

目前世界上仅存 1000 对可繁殖的加岛企鹅。20 世纪 80 年代，厄尔尼诺现象导致的猎物减少，导致了种群数量减少了 70%，至此，它们的数量疯狂地下降。严重的石油污染也对此有很大的影响。

04 佛罗里达海牛

1995~2005 年这十年间，38% 的佛罗里达海牛的死亡都是由人类所引起的，例如，把有毒的杀虫剂释放到海牛的生存环境里。据说目前仅有 2500 头成年的海牛存活着。而它们的数量在两代之后将降低 20%。

05 北极熊

随着全球气温的上升，之前适合北极熊捕猎的海冰每年都在减少。北冰洋上的石油钻井也对它们的生存构成了威胁，因为北极熊的皮毛一旦沾上石油，将无法复原。并且由于北极熊处于食物链顶端，它们也容易吸收到一些潜在的致命毒素威胁，如多氯联苯和氯化杀虫剂。

“两分钟清理海滩”项目就是要让这样的图景成为过去

大气污染也会对我们的海洋产生长远而深刻的影响。据估计，大约排放到大气里的 30%~40% 的二氧化碳最终会进溶入水循环系统，导致水体酸度上升。这会对依靠碳酸钙结构生存的生物产生严峻的影响。因为水中的酸会溶解并影响珊瑚以及其他动物壳的形成。

塑料的恶果

另外的一些污染物，一旦进入大海就能在海里漂上好几年。大约 80% 的漂浮污染物是塑料制品。大多数的塑料要花好几百年才能分解。这就意味着，一旦它们进入水循环系统，就必须人工清理。据估计现在海面上漂浮的塑料垃圾有 1000 万吨。

很多的塑料垃圾源于在海上丢失的船运集装箱。据世界海运理事会（The World Shipping Council）估计，在 2011~2013 年，大约 2,683 个满载塑料制品的集装箱丢失于大海中。一个在康沃尔海岸（the Cornish Coast）附近丢失的集装箱里装了 470 万块乐高玩具，世界各地的海岸上至今仍然能够看到这些塑料品。但是我们的日常垃圾才是海洋垃圾的主力军。

海滩上的度假者也制造了大量的塑料垃圾。而日常生活垃圾即使被填埋，最终还是会进入水循环系统，在力的作用下，它们会逐渐分解为小片的垃圾。很多动物会误食这些塑料，导致疾病、疼痛，甚至死亡。

一些海洋垃圾会因海洋旋涡而聚集在一起。海洋旋涡是一种非常强大的旋涡系统。因此这些垃圾会大量地聚集。人们最早在 1972 年发现的“北太平洋垃圾带”，就处在这样的旋涡中。它直径数百千米，每平方千米的海域有超过 20 万块垃圾碎片。但这个垃圾带并不是静止的，它最多能往北或

不管是大规模的还是小规模的塑料污染，都会导致海洋生物和鸟类痛苦地死亡

往南前进 1600 千米。垃圾在其中回旋地前行，最远曾在高纬度的北极地区发现过垃圾碎片。

阻挡垃圾潮

面对如此多的海洋垃圾，我们不免灰心丧气，认为很难改变什么。但是我们能够改变，我们能在问题发生之前就解决问题。“从根源上治理垃圾永远比事后清理海岸要好，”海洋保护协会（the Marine Conservation Society）的劳拉 · C. 福斯特（Laura C. Foster）教授说，“最近，一位杰出的教授把我们号召在一起共同清理海洋垃圾。但我们就好像用汤匙往外舀浴缸里的水一样，浴缸的水龙头开到了最大，我们再努力也无济于事。关键是切断垃圾的源头。”而这一点并不仅仅适用于海洋垃圾，还适用于各种各样的海洋污染。

短途出行采用步行或骑自行车，而不是乘汽车出行，这么简单的做法不仅能够有效地减少路上的石油渗漏，还能够减少二氧化碳排放，进而减轻海洋酸化。这么简单的选择就能够为全球变暖、海洋生命带来很大的改变，而且还能给你省钱。

改变我们购物的方式，就能够减少旋涡里的垃圾，减少对野生生物的伤害。选择可生物降解的购物袋，使用自己准备的购物袋而不是超市提供的塑料袋，不买含有塑料颗粒的清洁用品。所有这些都可以带来变化。当我们不得不用塑料制品时，一定要把它们和其他的垃圾分开，让塑料垃圾能够循环再利用。

在我们购买产品时，选择也很重要。购买不含磷酸盐的清洁产品可以帮助解决富营养化的问题。而可持续的海产品选择也能够长远地保护整个生态系统。“小的渔船以及线钓对海洋的鱼类不会造成影响，”南安普敦大学的国家海洋学中心（the National Oceanography Centre）的西蒙·博克索尔（Simon Boxall）博士说，“但是大量的工业拖网渔船和载有宽度超过1千米的渔网的船舶会把海底彻底地搜刮干净。在这种捕鱼方式下，生态环境需要数年才能恢复。你能捕到多少鱼归根结底取决于海里有多少鱼。”

当预防措施失败时，还可以做一些事来补救。比如“两分钟清理海滩”这样的项目就很好。该项目鼓励每个人在结束海滩旅行回家前，花两分钟的时间清理能找到的塑料垃圾，并把它们放进所属的垃圾回收箱里。你可以在 www.beachclean.net 这个网址上搜索到这样的项目。每个人的努力和改变最终会积少成多，当全球所有人都做出这样的努力和改变时，世界也会为之改变。

大卫·博丁顿

问答南安普顿大学国家海洋地理中心的西蒙·博克索尔博士

我们该如何从治理的角度来解决海洋污染的问题呢？

有机材料（石油、污水）的确造成了破坏，让大自然来自我净化是最好的选择。塑料污染都是长期性的。把所有微小的塑料颗粒都梳理清楚是不太可能的。我们就不要再让环境更加恶化了。

每年有多少家庭塑料废物被浪费倒掉了？

人们已经意识到塑料制品的浪费，并越来越重视回收再利用。最近，迈阿密大学的一份监控了弗罗里达海岸线塑料废物的调查显示，尽管我们使用塑料用品的量在逐年上升，但是这一海域的塑料废物量在减少。这是个很好的消息，我们已经比之前做得好多了。

人们在海边的时候该如何保护海洋呢？

清理干净自己扔下的垃圾，不论在海滩上还是在森林里（因为受到重力的影响，所有的水最终都会流向大海）。

购物习惯的改变将会起到怎样的帮助呢？

你所吃的鱼是在可持续繁殖的状态下捕获的吗？每年，受到生存威胁的物种都不一样，但是就环境保护而言，找到最好的食物并不难。一份联合国在千禧年的调查报告显示，只要管理使用得当，我们人类可以从海洋里获取所有我们需要的蛋白质。

联合国报告显示如果我们合理控制，就能从海洋中获取全世界所需要的蛋白质。

潮汐的力量

它们含有持续的超强能量，但是我们怎样高效地利用其中的能量呢?

我们的燃料快用完了。燃油耗尽的指示灯已经亮了，但前方已经没有加油站能为我们补充化石燃料了。全世界每年要用相当于 110 亿吨石油的化石燃料，照这个速度下去，2088 年全世界所有的石油、天然气和煤炭都会消耗殆尽。

随着全世界人口的迅速增长，我们有必要寻找一些方法，能够更好地使用天然的、可持续的能源。仅在欧洲，风能发电就占据了总耗电量的 7%。截至 2020 年，欧洲的风力发电可以提供 2300 亿瓦特的电力。而太阳能也被广泛使用，2014 年，太阳能发电量达到 1780 亿瓦特。但相比于全世界所需的 17.7 太瓦①的耗电量，太阳能的发电量微乎其微。

众所周知，风能和太阳能发电需要依赖很多变量。传统的水力发电站和径流式发电站大约为美国提供了 16.5 亿瓦特的电量。但是我们的海岸上还有很多可靠的原生能源可以为我们所用。因为它们是重力推动的，所以非常可靠!

永不间断的能源

我们的潮汐是月球引力和太阳引力的合力以及地球的自转支配的。这些天体可以把地球表面的水体吸引到它们所在的方向，这就导致了海平面的涨落。

这种现象在世界各地都不同，但人们很容易就能预测那里的海水的涨落。而在海水的流动中蕴藏了一股巨大的能量，如果用上恰当的科技，这种能量就能为我们所用。水轮就利用了这种能量，水轮转动可以驱动机器研磨谷物。

海洋中蕴藏着巨大的能量。如果施以恰当的科技，这种能量就能为我们所用。

① 太瓦：太瓦小时是一个表征宏观用电量的单位。1 太瓦小时 =10^{12} 瓦时 =10^{9} 千瓦时 =10 亿千瓦时 =10 亿度电。

第一架风力涡轮机于1888年建立。这架发电机的发电量为12千瓦，有144片材质为雪松的旋翼。

用金属涡轮替代这种木制的水轮，就是现在的四大潮汐发电方式之一——潮汐能拦河坝。但还有另外三种正在探索阶段的发电方法。

潮汐流发电机其实就是水下的风力涡轮机，它是利用潮汐流双向运动产生的动能。在一些崎岖的地形，比如狭窄的海峡中，其中湍急的水流蕴藏着巨大的能量，这些能量就可以被涡轮机捕获。而一些设备甚至能被融入一些现存的建筑，如桥梁中，这能让它们隐身。

另一种还未经试验过的发电方式是动态潮汐能发电。这种方法提出，在近海浅水中建造一个横 30 米纵 50 米的 T 形大坝。大坝从海岸向大海里延伸，但并没有真正地围住一片海域。通过这样做，大坝的两边就会形成潮汐相位差，而当地的海平面就会形成所谓的“水头差”①。随着海水流过大坝，大坝中的双向涡轮机就能够发电。

最后一个是潮汐泻湖，这是一种非常有趣且可拓展的发电方式。它的工作原理和潮汐能拦河坝相似。但关键的一点是，它并不依靠任何的地形，因为它完全是人工造就的。巨型的环形墙体在海洋中会形成新的人工蓄水池，随着潮汐起落，墙体中的涡轮机就能够利用其中的动能。潮汐泻湖也可以是双环形或三环形结构，可根据发电量而定。

截至目前，世界上只有不到 10 个投入使用的潮汐能发电站。但是这个数字在不断增长。世界上第一个潮汐能发电站建于 1966 年，位于法国布列塔尼地区兰斯河的河口，是规模最大的潮汐能发电站之一。这个潮汐能拦河坝发电站有 24 个涡轮机，分布在 750 米长的河道里，最多能够产生 240 兆瓦的电能，占法国总耗电量的 0.12%。

一位艺术家眼中的斯旺西湾潮汐泻湖

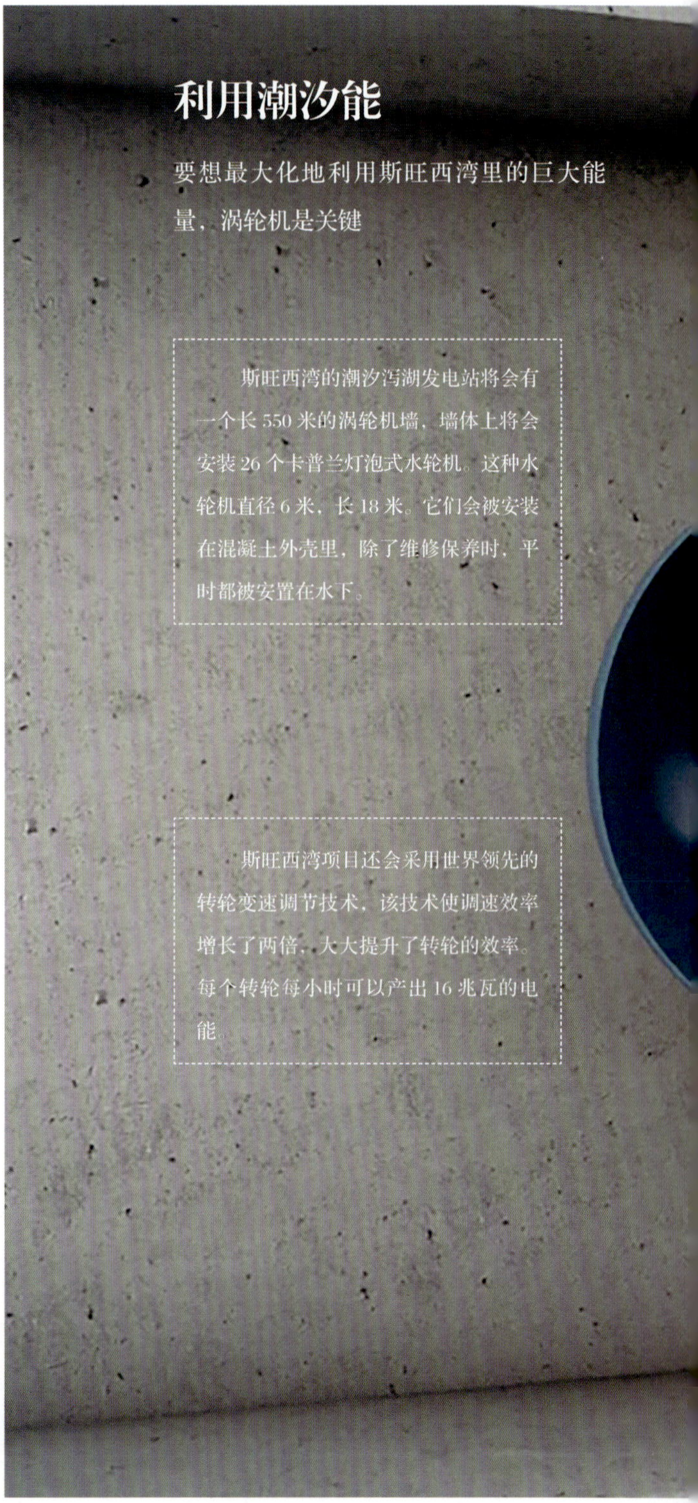

利用潮汐能

要想最大化地利用斯旺西湾里的巨大能量，涡轮机是关键

斯旺西湾的潮汐泻湖发电站将会有一个长 550 米的涡轮机墙，墙体上将会安装 26 个卡普兰灯泡式水轮机。这种水轮机直径 6 米，长 18 米。它们会被安装在混凝土外壳里，除了维修保养时，平时都被安置在水下。

斯旺西湾项目还会采用世界领先的转轮变速调节技术，该技术使调速效率增长了两倍，大大提升了转轮的效率。每个转轮每小时可以产出 16 兆瓦的电能。

① 水头差：即水位差，也就是水位之间的高度差。

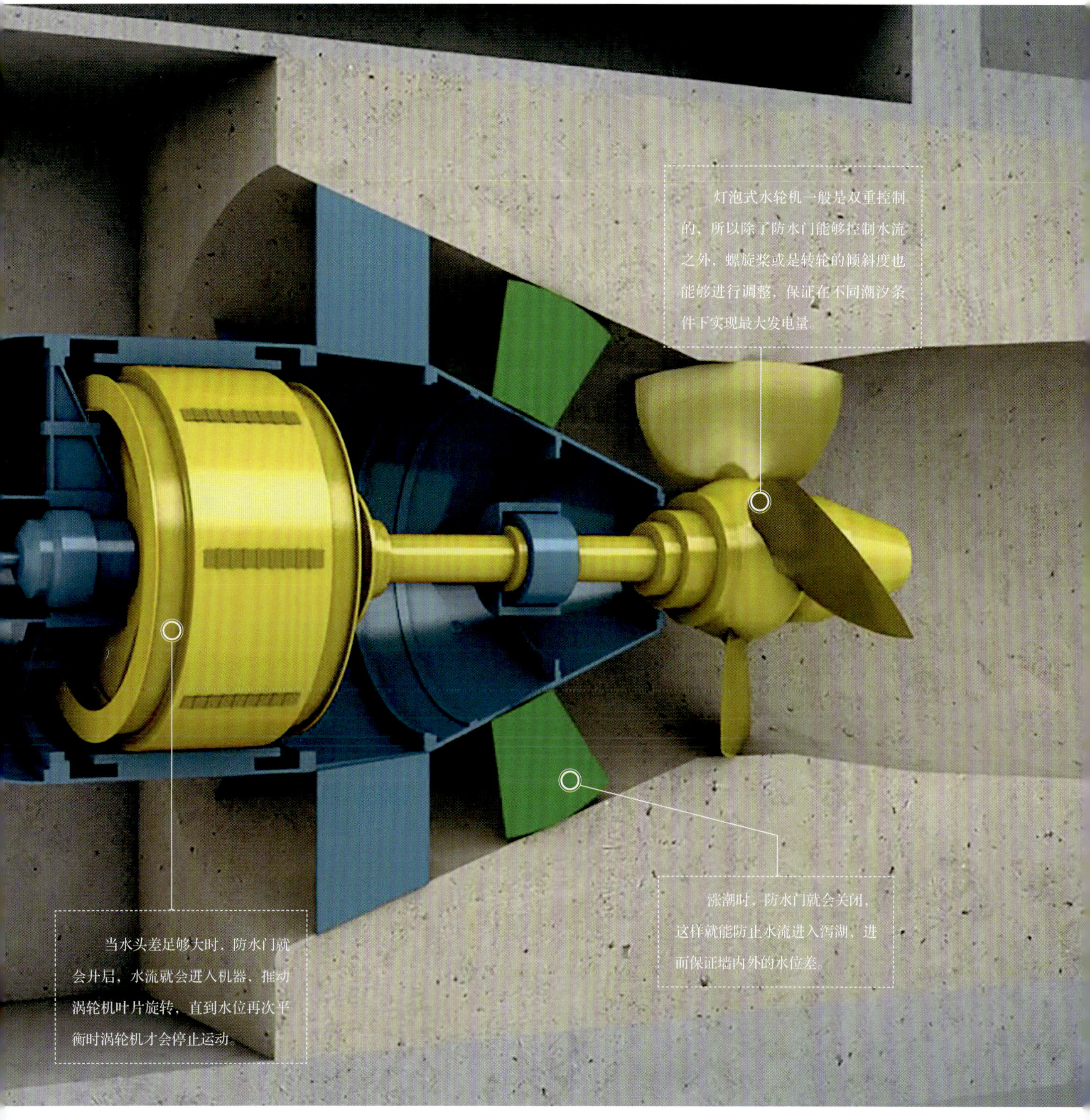
灯泡式水轮机一般是双重控制的，所以除了防水门能够控制水流之外，螺旋桨或是转轮的倾斜度也能够进行调整，保证在不同潮汐条件下实现最大发电量。
当水头差足够大时，防水门就会开启，水流就会进入机器，推动涡轮机叶片旋转，直到水位再次平衡时涡轮机才会停止运动。
涨潮时，防水门就会关闭，这样就能防止水流进入泻湖，进而保证墙内外的水位差。

其他的潮汐能发电站分布在朝鲜、中国、加拿大、俄罗斯以及北爱尔兰。其中较近修建的当数斯特兰福德湾（the Strangford Lough）的 SeaGen 发电站。它的装机容量达到 300 吨，是世界上第一台商业潮汐能发电机，每天能够运行 18 个小时以上，产生 1.2 兆瓦的电能。有意思的是，它的附近就有目前发现的最久远的潮汐水轮作坊之一。这个作坊在内恩德拉姆修道院（Nendrum Monastery）里，历史可以追溯到公元前 619 年。

蒸蒸日上的潮汐能

更多的潮汐能发电站正在发展之中或已经在施工建造。2015 年 6 月，斯旺西湾发电站获得了英国能源和气候变化部（the Department for Energy and Climate Change）的审批，这是一个大手笔。斯旺西湾是世界上首个利用泻湖技术的发电站。该发电站在涨潮时的平均潮差为 8.5 米，每天的持续发电时间达 14 个小时。

它每年的发电量达到惊人的 320 兆瓦，而且每年可以减少排放二氧化碳 23.6 万吨。该发电站的泻湖墙体将达到 5 米至 20 米高，周长 9.5 千米，容纳了 11.5 平方千米的水域。

该发电站的建造者计划在英国周围修建 6 个这样的发电站，总发电量将达到 159 亿兆瓦，可以为英国提供 8% 的电能。这相当于 4416 个海上风力发电机或 10 个核加压水反应堆的发电量。

奔涌的潮汐中蕴藏着巨大的能量。当今世界各地都在倡导保护化石能源、减少碳排放，为子孙后代保留一个更加清洁的地球。我们在潮汐能上的巨大投资是很正确的一大进步，为未来指明了前进方向。在建设发电站的同时，我们也在不断地学习。每建设一个发电站，我们的技术就会完善一步。随着核心技术逐步程式化，发电站的建设成本和运营成本也会不断降低。

总而言之，世界的未来无法预测，我们未来的能源还有赖于海洋中巨大的潮汐能，这是解决未来能源危机的一大步。

大卫 · 博丁顿

谁在控制着潮汐

很多因素在控制在潮汐……

潮汐是太阳和月球的引力造成的。不同地方的潮汐的时间和高度是不一样的。这取决于它们与天体的相对位置、海岸线的形态以及当地海平面的形态。某些海岸是全日潮[1]，也就是一天内有一次高潮和一次低潮。而另一些海岸则是半日潮，也就是一天有两次高潮和两次低潮。这些地方就特别适合建设潮汐发电站，斯旺西湾就是这样的地方。

不同地方的最高潮位和最低潮位也不一样，但可以预测。在每个太阴月[2]内，太阳和月亮有两次与地球连成一线，这就是“朔望”[3]，朔时是新月，望时是满月。这时的潮汐就会达到最高值，被称为“大潮”。而在月相变化图谱中，在月亮呈现四分之一的新月和只剩四分之一的月牙时，潮汐会达到最低值，被称为“小潮”。“小潮”也是一月两次。

加拿大的芬迪湾（the Bay of Fundy）拥有世界上最大的潮差。这里的最高潮位和最低潮位相差 16.3 米。北美唯一的潮汐发电站就坐落在那里的安纳波利斯河（Annapolis River）上。但英国的赛文河口（the Seven Estuary）也有很大的潮差，那里的潮差达到 15 米。

① 全日潮：在一个太阴日内，只有一次高潮和一次低潮，高潮和低潮之间相隔的时间大约为 12 小时 25 分，这种一日一个周期的潮称为全日潮。
② 太阴月：相对于太阳，月亮绕行地球的周期，等于 29 天 12 小时 44 分 2.8 秒（约是 29.5 天）。
③ 朔望：朔是指月球处于太阳与地球之间，正是农历每月的初一；望是指地球处于太阳与月球之间，正是农历每月的十五。

假可替真——拯救珊瑚礁

珊瑚礁系统正在锐减，但是人造的珊瑚礁可以解决这个问题吗？

英国是世界第十二大珊瑚礁大国。英国拥有 5,500 平方千米的珊瑚礁，占全球总珊瑚礁面积的 2%。英国的珊瑚礁几乎全部位于其海外领土。

珊瑚礁真是不可思议。虽然它们还没有占到地球表面的 1%，但是它们却养活了四分之一的水生生物。但不幸的是，它们的生存境况很糟糕。研究者们估计，在过去的 50 年里，有一半的珊瑚礁被毁。我们能做点什么吗？

一个可能的解决办法是人造珊瑚礁，但是有些人支持有些人反对。从混凝土砖块到古老的战船，这些物体被放在海底，模仿天然的生物礁，来吸引水生生物。

这种办法并没有多新鲜。考古证据显示，数千年来，地中海和其他地方的渔民早就使用这种办法来提高捕鱼量。随着珊瑚礁遭遇危机，加之鱼类也危机四伏，在近几十年来，越来越多的人造珊瑚礁被投放到大海中。

一位潜水者正在欣赏安德里亚斯·弗兰克（Andreas Franke）的艺术品。该艺术品安置在佛罗里达群岛国家海洋保护区（the Florida Keys National Marine Sanctuary）的一块人造珊瑚礁上

日本的创新

自 17 世纪 50 年代以来，日本渔民就经常性地往海中投放巨大的石块，以形成新的珊瑚礁。从 20 世纪 50 年代以来，这就成为了一项国家性质的大项目。混凝土块和金属塔在投入大海后会成为鱼类、贝壳类动物以及海藻的繁衍栖息地，这样做是为了使近海捕鱼业繁荣发展。该项目的规模十分惊人。比如说，仅在 1976 年之后的 10 年时间里，政府就为该项目投入了 42 亿美元，建造了 6,443 处人工珊瑚礁。这个项目还在不断地发展，人造珊瑚礁的面积已经覆盖了 2,000 万立方米的空间。

但是有些人还心存担忧，因为珊瑚礁并不是增长鱼类的数量，而是将现有的鱼类吸引在一起，这样人们就能够更容易捕捉它们。“这就是被热烈争议的‘聚合 / 生产’模式。”来自苏格兰海洋科学协会（the Scottish Association for Marine Science）林尼湖人造珊瑚礁科研小组的汤姆·怀尔丁（Tom Wilding）博士解释说。

“人造珊瑚礁被广泛地使用以‘造福’野生渔业，”他继续说，“但是没有人真正知道它们是否真的提高了鱼群的数量。事实是，对于有些鱼类，它们的数量是真的提升了。而在某些时段和环境下，珊瑚礁只是把现有的

天然珊瑚礁是如何形成的？

珊瑚、浮游生物和时间是形成天然珊瑚礁的关键

珊瑚礁的形成得益于小型海藻和珊瑚之间的共生关系。珊瑚是一种生物体，与海葵和水母都有关系。珊瑚和其中的海藻共同生存。珊瑚一般生长在其他生物的地盘上。比如息肉，这种生物会用触手捕捉浮游生物，并且分泌出碳酸钙。这种坚硬的物质会逐渐形成珊瑚的栖息地，也能够保护息肉。而与此同时，海藻会在珊瑚的保护下吸收海水中的阳光。通过光合作用，光能会转变为糖分，海藻再将糖分与珊瑚共享。珊瑚每年大约增长 0.3 厘米至 10 厘米，增长速度取决于珊瑚的种类和所处的环境。珊瑚礁要历经上千年才能形成。

鱼群聚合在了一起。而在后一种情况下，人造珊瑚礁就会导致过度捕鱼。”

专为捕鱼而设计

尽管这个争议还没有定论，人造珊瑚礁还是在迅猛发展，尤其是在美国。发展最显著的就是墨西哥湾（the Gulf of Mexico）附近的几个州，比如路易斯安那州和佛罗里达州。仅在佛罗里达州，现在就有大约 3,000 处人造珊瑚礁。但这里的重点和日本完全不一样，这里的珊瑚礁主要是供人们游钓和潜水捕鱼的场所。而建造的方法也完全不一样，这里很少用到专门的珊瑚礁制造工艺，更多的建造材料是可循环利用的废弃材料，比如石油钻机、船舶、火车、汽车、轮胎甚至是厕所。

在佛罗里达州，有 3,000 多处人造珊瑚礁。这些地方专为捕鱼者和水肺潜水者而建造

2009 年，“霍伊特·范登堡（Hoyt Vandenberg）将军号”军舰沉入距佛罗里达州 7 千米的海域。作为人工珊瑚礁，它现在已经成为 113 种鱼类的栖息地

美国海军（USNS）军舰“霍伊特·范登堡（Hoyt Vandenberg）将军号”，成为世界上第二大人工珊瑚礁

潜水者在观察该沉船上的一个碟形卫星天线

印度尼西亚拥有世界上最多的珊瑚礁
印度尼西亚的珊瑚礁面积为51,020平方千米，占全球珊瑚礁总面积的18%。

珊瑚礁上的生物

在如此复杂的生态系统中，每种生物都有其独特的作用……

海葵

海葵是固定在海底的，它们会用触手上有毒的倒刺捕捉小鱼和小虾，海葵的朋友真是少得可怜。但是它们和小丑鱼有很融洽的共生关系。小丑鱼对海葵的毒性是免疫的，所以它们可以安全地藏在海葵的触手里，吃掉其中的寄生虫以保护海葵。

巨蛤（giant clams）

作为地球上最大的软体动物，巨蛤是珊瑚礁里最重要的居民之一，它们可以保障珊瑚礁的健康。巨蛤是海洋中的过滤器，它们可以减少海水中有害的营养物质，为其他生物提供食物。巨蛤本身就是珊瑚礁坚硬的碳酸钙结构的一部分。

海胆（sea urchins）

海胆身上布满了又长又尖的体刺，这些刺在有些时候还是有毒的。应该说海胆的防御能力算是海洋生物里数一数二的了。但海胆最大的问题就是很难移动。所以它们就会借助螃蟹来移动，有时候爬到螃蟹身上都得进行一场恶战。螃蟹和海胆这对组合就这样出动啦：当螃蟹兴冲冲地横行霸道时，海胆就趴在它身上搭顺风车

意料之中的是，这些珊瑚礁在早期对所有人都是免费的。当清理成本不断累积，上述提到的旅游项目产生收入时，珊瑚礁就不再是免费的了。

“我认为墨西哥湾的粗放式管理下的‘珊瑚礁娱乐’项目不太妥当。”怀尔丁教授说，“海湾中的珊瑚礁一般都很小，只有几吨重，它们在海啸中很容易就会被冲走。人们还没有研究过它们的经济效益，我很担心人们只知道往海里‘扔’东西，结果成本会大于收益。”

墨西哥湾的状况正在好转，人们开始往海里放置更大的物体。而且对于可能有害的化学物品的管控也更为严格，比如铜线和燃油之类的东西。但是旅游业的收益仍在吸引人们投资。事实上，佛罗里达大学近期的一项研究估计，往人造珊瑚礁上每投资 1 美元都能对当地的经济产生 138 美元的回报。

美国的影响

美国的举措无疑影响了欧洲对于人造珊瑚礁的政策。在欧洲，人造珊瑚礁还很少。2014 年，英国海军舰艇斯库拉号故意沉没在康沃尔（Cornwall）附近。事实上，这是欧洲的第一个人造沉船潜水地。大部分的人造珊瑚礁在安置初期都用于科研目的。

“20 世纪 60 年代至 80 年代是使用方便性材料建造人造珊瑚礁的巅峰时期。”怀尔丁博士解释说，“来自美国的‘坏消息’使得欧洲关于建造珊瑚礁的立法几乎不再可能。建造林尼湖人造珊瑚礁和英国海军舰艇斯库拉号珊瑚礁都需要巨大的努力。”他继续说：“沉船对于潜水者而言是令人兴奋的‘游乐场’，但却不能模仿天然环境。它们不能成为天然的表面。虽然很多水生生物会‘入住’其中，但它们形成的并不是天然的生物群落。

巧克力屑海星

（chocolate chip sea star）

说来有点忧伤，它虽然叫巧克力屑海星，但跟甜品却没任何关系。这种海星能够保护其他的物种，但却得不到什么回报。这种海星表面看上去像“巧克力屑”的东西其实是一排排的体刺，这些体刺能够威慑捕食者。几乎完全透明的玻璃虾就附在这种海星上，所以捕食者就不能捕捉到它们了。

珊瑚共生

我们最好从珊瑚共生的角度来思考珊瑚礁退化的问题。珊瑚生态系统是地球上唯一的动植物共生系统。动物指的是珊瑚虫，植物指的是能够进行光合作用的藻类。珊瑚生态系统中还有大量未经探索的细菌和古生菌。这种复杂的生态系统一般是高级的珊瑚生态系统，系统中的生物相互作用、相互关联、相互依赖。所以不要问系统中的每个生物是如何活动的，要看整个系统是如何运行的。

名列前五的人造海礁

关于人工海礁的建造，人们的想法总是源源不断。

01. 由钻井平台改造的海礁

墨西哥湾沿海的成百上千个钻井平台被改造成了人工海礁。石油公司运用爆破及机械切割技术将之前的建筑整座推倒或是拆除其顶部。但出于对环境的担忧，此类做法尚未在北海实行。

02. 奥斯本海礁

佛罗里达海礁是其中最失败的案例。20 世纪 7、80 年代，在部分国家十分盛行使用旧轮胎来制造人工海礁的做法。在 1972 年，约有 700,000 个轮胎被投掷在佛罗里达州劳德岱堡沿海，至今为止被人们视为一场环境灾难。这些轮胎不仅未达到海礁功能效果，还随着洋流的推动，破坏了天然海礁。

03. 水下海礁

墨西哥穆萨女人岛于 2010 年开放，其最终目标是建成至少包括 1000 座人造建筑在内的 12 座美术馆，其中大多数为雕像建筑。人们希望此项目能够为海洋生物创造新的栖息地，并且将游客从周边的天然海礁吸引过来。

04. 红鸟海礁

美国特拉华州曾使用 619 座退役地铁列车——“红鸟”——在大西洋建造人造海礁。自 1995 开始，特拉华州总共在 14 个不同的地点先后沉没了这些长 15 米的地铁列车。当然，车上颇受争议的有害物质，如石棉，无一例外地被剥离了。

05. 电子海礁

西伯利亚建筑师玛戈特·克莱索嘉文克(Margot Krasojevic) 设计了极具现代意义的人造海礁，即将在印度尼西亚搭建，协助该地抵抗海啸的侵袭。该设计包含一电场，其理念是通过该电场吸收海水中的碳酸钙以促进珊瑚的形成。建筑由可移动的钢铁网格以及连接电缆的球形结构组成，它们与漂浮在海上的太阳能电板相连。

01

02

03

04

05

人造珊瑚礁已经成为某些旅游局的摇钱树

USS Kittiwake 号在 2011 年沉入开曼群岛（the Cayman Islands）。为了保障潜水者们的安全，船上的门都被拆除了

林尼湖人工礁石

苏格兰的模范案例

于 2001—2006 年使用重达 6230 吨的 175,000 块水泥建成，这座建在苏格兰西海岸的研发型人工海礁项目被视为一个模范示例。

所有建筑材料都事先经过了测试，结果显示它们具备物理强度大和化学惰性高的特性。此处渔业活动的不活跃性是选择在此地进行该项目的部分决定性因素，不过相关研究者也在事前运用声学方法进行了全面的调研考察。整个海礁系统包含了 5 组、6 座独立的海礁，所有的水泥块按锥形堆放，使得它们能即刻与周围环境形成互联互动，并为居住海地的物种创造复杂的栖息地。此项目的展开，使该地的海洋生物得以兴盛，苏格兰海洋科学协会带头于此处进行的跨学科研究也得以继续，他们的研究内容包括：不同水深鱼类的丰富性、比较人工和天然海礁的生产力、监控水流以及测量沉积氧化作用的变化。

“在海底沉积物较少的海域放置珊瑚礁，可以提高生物多样性。从人类的角度看，这种结构下的生物多样性是非常有吸引力的。结论就是，人们认为珊瑚礁有利于‘生物多样性’。它是否真的对生物多样性有好处取决于我们如何定义‘好处’。这个问题非常复杂。”

较好的选择就是使用混凝土结构的物体，比如林尼湖珊瑚礁。“它们更加自然，更接近于真实的生态群落。混凝土块是有惰性的，而且不会有移动和污染的问题。但是，不像那些‘方便性材料’，它们必须专门制造，这就会产生成本。”

相关的争论因此变得更加热烈。人造珊瑚礁的支持者就会强调鱼群数量和生物多样性。但是科学上还有很多地方尚未证实。有人就质疑人造珊瑚礁是否真的会提升鱼群的数量。而且也有证据表明，这些人造珊瑚礁并不会减少附近的天然珊瑚礁的造访者，反而会增加人们对天然珊瑚礁的好奇心。这就回到了我们最初提到的困扰——世界上的天然珊瑚礁面临困境。

“它们每年都会消失一部分，”XL 卡特林海景调查（XL Catlin Seaview Survey）浅水珊瑚礁小组的负责人本杰明·尼尔（Benjamin Neal）博士说。该组织旨在制作海下珊瑚礁的图片资料（详见第四章“谷歌玻璃船”）。“这就意味着在短短几十年内天然珊瑚礁有可能消失殆尽。”

安德鲁·韦斯特布鲁克

中海环球号有400米长，相当于四个足球场那么长。如果把这艘船竖起来，它有伦敦眼那么高。

环境友好型航运

气候变暖和海洋污染变得越发严重，我们有什么方法来保护海洋环境？

尽管航运可以非常方便地在全世界范围内运输货物，但是它却排放了4%的温室气体。人们估计，到2050年，航运的排放量将增大4倍。自20世纪70年代开始，人们就出台了有关航运普通污染的国际规定，即《防止船舶污染国际公约》（The International Convention for the Prevention of Pollution from Ships，缩写为MARPOL）。但是直到近些年，人们才真正开始关注航运排放的问题。直到2005年，相关规定才开始落实。

“大多数的环境规定都是旨在减少氮氧化物、二氧化硫和颗粒物的排放。这些排放物对人体非常有害。氮氧化物和二氧化硫都是有毒物质，可以引起酸雨。某些情况下的排放还会导致可见烟雾。”伦敦大学学院（the University College of London）的造船工程师约翰·卡利亚（John Calleya）解释说。限制这些物质的排放的确非常重要，但是却不能解决所有的问题。“控制这些污染物的排放的确有利于提高空气质量、缓解酸化问题，但是只有从各个源头上，包括船舶等各种运输方式上减少二氧化碳的排放，我们才能缓解全球变暖的进程，这是当务之急。”

越来越大的船

要想减少排放，必须想办法吸引资金投入。这样做不仅对环境有利而且能够省钱。”减少燃料消耗不仅能够减少各种各样的排放，而且还会提高船舶的盈利水平。这也能激励船主和经营者主动地减排。”卡利亚补充道。

最简单的办法就是让船舶运载更多的集装箱。韩国现代重工集团（Hyundai Heavy Industries）拥有世界上最大的集装箱货运船。“中海航运”货运船一次可以运载 1.9 万个标准箱。 标准箱指的是 20 英尺长的集装箱，这是衡量船只载运量的单位。相对于其他船舶而言，大船能够一次运输更多的货物，这样能够更高效地利用船舶上的可用空间。同时，通过利用科技手段全时段地控制航速及观察海况，船舶可以达到最佳的燃料效率。每艘船可以比标准的小型船舶减少 20% 的燃油消耗。而且这种船装配有压舱水紫外线杀菌系统，可以有效减少压舱水中的有害生物体数量 。

虽然“中号航运”货运船能够高效地利用燃料，但它使用的燃料还是像其他船舶一样的低品质重燃油。这种燃油中含有大量的化学物质，比如硫。但是我们还没有其他的燃料选择……

燃料回收

克罗利海运公司（Crowley Maritime Corporation）计划建造两艘以液化天然气作为燃料的大型集装箱货运船。这种船可以做到完全的二氧化硫零排放，微粒物质零排放，氮氧化物的排放量也可以减少 92%。这听上去不错，但是卡利亚博士指出，这其中有隐藏的环境代价。他解释道：“制造这种燃料也会排放污染物，所以我们在考虑使用替代燃料时，不要忽略这一点。”

现在，最佳的减排方案就是根据不同船舶的情况使用不同的混合动力系统。“具体采用哪种混合减碳技术取决于具体的船舶，取决于船舶航行的海域。”卡利亚博士说，“比如说，风帆助航推动在某些风速较大的海域就非常适合，而且非常适合于航速较慢的船舶。而大型的远洋船舶也许航速变化的区间也很小，一些技术就非常适合这种船，比如如今研发出的废热回收系统[①]。”

马士基航运公司（Maersk Line）生产的大型集装箱船“3 倍 E”

马士基船舶采用了废热回收系统，既能省钱又环保

（Triple-E）就利用了这种废热回收系统。“3 倍 E”的运力可达到 1.8 万个集装箱的载箱量。据马士基公司介绍，相对于普通的船舶，“3 倍 E”上每个集装箱的减排 50% 以上。该系统会捕捉锅炉的发动机产生的热废气，然后用这种蒸汽推动涡轮转动，进而产生电能。如此一来，该系统就变废为宝，能够为船舶提供能量。马士基公司介绍说，该系统可减排船舶产生的 9% 的废气。

双艉鳍推进系统

“3 倍 E”集装箱货运船没有采用常规的单推进系统，而是采用了不寻常的双艉鳍推进系统。这种系统的转数较慢，但是每小时仅比马士基公司较小的 E 级船慢 2 海里，而且能源消耗量要少 25%，装载量却更多。

在现实航行中，减慢航速是经常采用的减排办法。“对于所有船舶而言，尤其是集装箱船，航速是非常重要的。”卡利亚博士解释说，“燃料消耗至少是航速三次方的方差。这就意味对于一艘航速为 21~25 海里每小时的集装箱船，如果每小时的航速稍微慢几海里，那么燃料消耗就会减少 40% 左右，这是很大的成果。”

压舱水中的可能的入侵性微生物可以被处理掉

① 废热回收系统：在船舶推进领域，当主机转换成机械运行时，有大约 50% 甚至更多的燃料能源在废热中损失，废热回收系统可以将废热回收起来，并转化成电力为船舶供电。

二氧化硫是船舶排放的最为有害的物质之一

如今的减碳技术可以做到减少 50% 的燃料消耗，这是完全有可能的。我们预见像船帆这样的东西在可行的时候将会大放异彩，但是我们并不看好太阳能。“太阳能对于大型船舶的作用非常有限，因为船上的可用甲板面积太少了。”卡利亚博士说，“由于这个原因，一般光伏太阳能只能为船舶提供 2% 的动力。”光伏电池非常昂贵，在减排方面，光伏电池并不是很经济。

“问题在于减少 50% 的燃料消耗还远远不够。如果我们能够容忍大气温度在 2012~2050 年间上升 2 摄氏度，那么每艘船的二氧化碳排放量都要比 2012 年的水平减少 25% 以上。”卡利亚博士说。

我们将进一步提高最新的混合技术，但也在寻求更好的方法为未来的船舶储备能源。比如说氢气就很好，但前提是要能以环保的方式制造氢气。不过，要想实现这个目标不仅要靠科技，还要改变我们的习惯。

“为了最大化地减少排放，利益相关者必须要加强合作，共同投资、分享回报、共担风险。”卡利亚博士说，“而在消费者的层面，我们也得做出些牺牲，比如手机不要换那么勤，多买当地生产加工的产品。”

马修 · 伯尔顿

最引人注目的环保船舶构想

大量惊人的设计和现实的船舶将会引发新一轮绿色环保船的浪潮……

维恩货船（Vindskip）

这种货船把整个船体当成船帆。它能够不断地监控风速和风向，让船体迎风前行，即使在逆风的时候船体也能够前进。

太阳能船（PlanetSolar）

PlanetSolar 是一艘全太阳能动力双体船。方形的太阳能电池板排列在甲板上方。但这艘船必须得密切地监控阳光的情况，这样才能够保持船舶不断前行。它可以载客 60 人，已经顺利环游了世界。

风帆动力船（Ecoliner）

概念图中的集装箱货船主要依靠风能前进，船上有四根桅杆，船速可达每小时 18 海里。现在该船还在设计完善中，借助卫星和风的各项数据，船舶可以自动找到最佳的航行路线，进行最佳的配置，以便最大化地利用风能。

2030 年的超级生态概念船

这款超级生态概念船正如其名，也许 2030 年时会出现在大海上。它拥有让人诧异的船帆，船体可以根据甲板荷载量进行拆卸，这样就可以应对各种天气。船上还装有太阳能电池板。除此之外，集装箱大小的燃料电池可以为其提供主要能源。

你问我答

如何建造终极的绿色环保船舶?

环保船舶将会用的技术和材料

更好的压舱物

船舶一般使用压舱水①压舱，在靠岸后就会排出压舱水。但是这种水中含有入侵性的微生物。我们既可以对压舱水做无菌化处理，也可以采用无压舱水的船舶。在这种船舶中，海水可以通过管道流入并流出船体。

热回收

常规的发动机燃料产生的热废气会被收集起来，然后进入汽轮机中把其中的水烧开。这样就能发电，为船舶提供动能。这就避免大量的热能白白消失在空气里。

船帆和太阳能

在某些航道，船帆可以为船舶漂洋过海提供大部分的推动力，这样就能减少对其他能源的消耗。而某些船也可以利用太阳能前进。

燃料电池

电动机中的氢燃料电池可以产生清洁的动能，推动船舶前行。但前提是氢气要以环保的方式生产出来。现在有些船舶已经利用风能电解水生产氢气。

材料

通过使用高强度的钢铁，船舶可以变得更轻，效率更高。这种钢铁既环保又能够回收利用、重复使用。未来的材料中将会创造出氢燃料电池，让它变得更加好用。

① 压舱水：压舱水是为了保持船舶平衡而专门注入的水。压舱水是船舶安全航行的重要保证，特别是对没有装载适量货物的船舶。